DESVENDANDO A CARTOGRAFIA NO ENSINO DE GEOGRAFIA

MURILO VOGT ROSSI

DESVENDANDO A CARTOGRAFIA NO ENSINO DE GEOGRAFIA

Freitas Bastos Editora

Copyright © 2023 by Murilo Vogt Rossi

Todos os direitos reservados e protegidos pela Lei 9.610, de 19.2.1998.
É proibida a reprodução total ou parcial, por quaisquer meios, bem como a produção de apostilas, sem autorização prévia, por escrito, da Editora.
Direitos exclusivos da edição e distribuição em língua portuguesa:
Maria Augusta Delgado Livraria, Distribuidora e Editora

Direção Editorial: Isaac D. Abulafia
Gerência Editorial: Marisol Soto
Diagramação e Capa: Madalena Araújo

Dados Internacionais de Catalogação na Publicação (CIP) de acordo com ISBD

R831d	Rossi, Murilo Vogt
	Desvendando a Cartografia no Ensino de Geografia / Murilo Vogt Rossi. - Rio de Janeiro, RJ : Freitas Bastos, 2023.
	132 p. : 15,5cm x 23cm.
	ISBN: 978-65-5675-329-4
	1. Geografia. 2. Cartografia. 3. Ensino de Geografia. I. Título.
2023-2316	CDD 910
	CDU 91

Elaborado por Vagner Rodolfo da Silva - CRB-8/9410

Índice para catálogo sistemático:
1. Geografia 910
2. Geografia 91

Freitas Bastos Editora
atendimento@freitasbastos.com
www.freitasbastos.com

SUMÁRIO

1. INTRODUÇÃO 9

2. CARTOGRAFIA: CONCEPÇÕES E POSSIBILIDADES PARA O ENSINO DE GEOGRAFIA 13
   - 2.1 EPISTEMOLOGIA ESPACIAL DA GEOGRAFIA: ENTENDER BEM PARA ENSINAR BEM 18
   - 2.2 A CARTOGRAFIA COMO CIÊNCIA HUMANA: DISTÂNCIAS QUALITATIVAS 25

3. FORMAS TRADICIONAIS DE SE ENSINAR (E PENSAR) CARTOGRAFIA E GEOGRAFIA NO AMBIENTE ESCOLAR: MAS QUE ESPACIALIDADE DEVEMOS ABORDAR? 29

4. O ENSINO E APRENDIZAGEM EM CARTOGRAFIA NAS AULAS DE GEOGRAFIA: DESAFIOS PARA UMA TRANSFORMAÇÃO QUALITATIVA 49
   - 4.1 MAS AFINAL, O QUE É O MAPA? 53
     - 4.1.1 A MÉTRICA 66
     - 4.1.2 PROJEÇÃO 76
     - 4.1.3 A ESCALA CARTOGRÁFICA 82
     - 4.1.4 O SIMBÓLICO: A LINGUAGEM CARTOGRÁFICA 86

5. ATIVIDADES PARA UMA POTENCIALIZAÇÃO ANALÓGICA DA CARTOGRAFIA NAS AULAS DE GEOGRAFIA 99

    5.1   **ATIVIDADE 1: VER E ENTENDER MAPAS 99**
           Plano de atividades 99
           1 – Escala cartográfica 100
           2 – As diferentes projeções 102
           3 – Métrica 106
           Mapas temáticos 106

    5.2   **ATIVIDADE 2: REPRESENTAÇÕES CARTOGRÁFICAS DE ESPAÇO-TEMPO 110**
           Plano de atividades 110
           Texto e mapas explicativos para o desenvolvimento da atividade 111
           O espaço e o indivíduo 114
           Etapas práticas da atividade 115

6. CONCLUINDO OU MESMO INTRODUZINDO UM DEBATE 119

7. REFERÊNCIAS BIBLIOGRÁFICAS 125

LISTA DE FIGURAS

Figura 1: A tríade da Cartografia Escolar 16
Figura 2: Os campos de estudo da cartografia 27
Figura 3: Mapa-múndi: projeção de Mercator 61
Figura 4: Mapa-múndi: projeção de Buckminster Fuller 62
Figura 5: Mapa-múndi: Claes Janszoon Visscher (1652) 62
Figura 6: Fusos Horários do Mundo 64
Figura 7: Carta de Cassini: Besançon-Planoise. França (1780) 67
Figura 8: Mapa de expansão da cólera em Londres (1854) 70
Figura 9: Mapa de fundo euclidiano com classes de população no mundo 72
Figura 10: Anamorfose geográfica com classes de população no mundo 73
Figura 11: Mapa da extensão do Império Britânico (1886) 77
Figura 12: Planisfério na projeção de Gall-Peters 78
Figura 13: Planisfério (projeção de Mercator) e a Indicatriz de deformação de Tissot 80
Figura 14: Planisfério (projeção de Gall-Peters) e a Indicatriz de deformação de Tissot 81
Figura 15: Medidas e escalas diferenciadas num mesmo mapa em uma projeção equidistante 83

Figura 16:	Tabela das variáveis visuais de Jacques Bertin	89
Figura 17:	Mapa da distribuição da vegetação no mundo	91
Figura 18:	Mapa de Refugiados no mundo (2017)	92
Figura 19:	Mapa da taxa de Natalidade no mundo (2016)	93
Figura 20:	Mapa da Migração interestadual no Brasil (2018)	95
Figura 21:	Escala e tamanho de países	101
Figura 22:	Projeção de Mercator e de Gall-Peters	103
Figura 23:	Projeção de Buckminster Fuller	104
Figura 24:	Projeção Bertin (1950)	105
Figura 25:	Mapa Adultos que vivem com AIDS: número absolutos	105
Figura 26:	Mapa adultos que vivem com AIDS: porcentagem	108
Figura 27:	Mapa Anamórfico da Incidência de AIDS	109
Figura 28:	Mapa de distâncias em horas na França	112
Figura 29:	Comparativo: as distâncias do trabalho em São Paulo	113
Figura 30:	Exemplo de cartograma	117

1. INTRODUÇÃO

Quem já não se deparou com um texto e se perguntou: Qual o assunto? Imagino que todos nós. E quanto a um mapa? Certamente a pergunta seria: mapa de onde? Mas será que a função do mapa é apenas localizar? Certamente não. O mapa tem uma série de informações – tais como um texto verbal – só que de uma maneira diferente: ele é gráfico e visual. Tal visualização pode ser imediata ou mesmo exigir uma necessidade de leitura.

O mapa é presente na vida de muitas pessoas, seja em seu formato impresso ou recentemente digital. Ele é muito familiar na escola, principalmente nas aulas de Geografia e eventualmente em outras disciplinas, como na história. Mas uma questão que é pertinente é o caráter indiscutível dos mapas, ou seja, dele existir por si só e pronto, sem ser alvo de reflexão.

O professor de Geografia que trabalha os conteúdos inerentes à área utiliza os mapas para exemplificar fatos, mas geralmente não explica o que realmente é um mapa. É o ensino no mapa em detrimento ao ensino do mapa. E julgamos que os dois são fundamentais. Mas como reconhecer um mapa? Existem regras, assim como nos textos verbais.

Geralmente, de uma forma equivocada, o reconhecimento de qualquer mapa – para ser mapa – tem que estar condicionado a uma série de linhas imaginárias (paralelos e meridianos) que formam suas coordenadas geográficas. Além disso, ele tem que apresentar linhas, pontos, áreas e cores para definir limites com diferenças e semelhanças entre os fenômenos que estão representados. A impressão que dá é que os mapas escolares são muito parecidos uns com os outros. Mas será que é isso mesmo? Ou só isso?

De tempos para cá, há um movimento de percepção que tanto os mapas escolares como todos os outros estão merecendo uma revisão, principalmente quanto à sua concepção e quanto aos seus resultados de representação da realidade do mundo. Avançamos um pouco com a questão da alfabetização cartográfica, que abriu uma discussão sobre o estudo do mapa em ambiente escolar, mas precisamos ir além, discutindo um pouco sua teoria.

De certa forma, essa é a proposta deste livro, abrindo um debate para a necessidade de renovação da cartografia em consonância com a Geografia e, especialmente, seu ensino. Pensando nisso, o que vemos hoje nos mapas? Uma forma de concebê-los está calcada na chamada geometria euclidiana, oriunda do período colonial mundial, como uma forma de enxergar a representação do mundo através de medidas matemáticas, muito útil na navegação e importante para o mercantilismo de até então. Mas por que utilizamos mapas até agora com uma concepção mais ou menos parecida a de 500 anos atrás?

Há uma estratégia de naturalização dessa cartografia antiga por diversos fatores, o que nos mostra que um mapa nunca é neutro – que muitos querem e insistem nessa premissa – podendo ser concebido de diversas formas, de acordo com os objetivos de pesquisa ou de um planejamento de ensino.

O mapa pode ser construído de acordo com as informações que qualquer situação necessite, independente de se ter linhas imaginárias ou coordenadas geográficas, como os mapas convencionais nos fazem crer. O mapa é muito mais que um conjunto de regras, ele é uma linguagem!

Dessa forma, este livro é baseado em ideias desenvolvidas há muito tempo no Departamento de Geografia da USP, em especial na figura da professora doutora Fernanda Padovesi Fonseca. Baseado em pesquisas que versam sobre uma cartografia para a Geografia desnaturalizada de seu fundo de mapa euclidiano, concluí meu doutoramento discutindo tais teorias que são bastante referenciadas por pesquisadores como Jacques Levy e Jacques Bertin, trazendo subsídios fundamentais para esta obra. Inclusive trechos da tese foram acoplados ao texto.

Diante disso, se contrapor a ideias cartográficas enraizadas durante muito tempo é um desafio enorme. Entretanto, observamos que a cartografia brasileira, de certa forma, não se renova como a de outros países, como a França, por exemplo, apresentando um formato arcaico em sua concepção, principalmente no meio escolar.

Mesmo com os movimentos de renovação da Geografia do Brasil, através do movimento crítico iniciado na década de 1970, percebemos um descompasso entre uma nova Geografia (discutida, por exemplo, pelo nosso mestre Milton Santos) com uma cartografia que não se renova e que não avança nas discussões socioespaciais e dos fenômenos geográficos cartografáveis.

Portanto, o presente livro vai discutir questões inerentes a uma possível nova cartografia que pode ser utilizada de uma forma potencializada nas aulas de Geografia, a partir de um entendimento dos mapas a partir de suas concepções e possibilidades metodológicas e teóricas de atuação docente.

Com isso, o livro está dividido em 7 capítulos, sendo o primeiro deles uma breve introdução mostrando uma justificativa para a escolha da temática. No capítulo 2 iremos reconhecer que a epistemologia do espaço geográfico é fundamental, juntamente com uma cartografia que represente as ciências humanas, com distâncias que definam qualitativamente os fenômenos geográficos. No capítulo 3 iremos abordar algumas formas tradicionais de se ensinar cartografia e Geografia na escola, debatendo que tipo de espacialidade é mais recomendável nas aulas.

Quanto ao capítulo 4 entraremos definitivamente na abordagem sobre uma nova forma de ensinar cartografia, explorando os significados do mapa, desconstruindo seu fundo através dos elementos que o compõe (métrica, projeção e escala), além de sua linguagem cartográfica propriamente dita.

No capítulo 5 vamos tentar propor algumas atividades de desconstrução do fundo de mapa para serem introduzidas nas aulas, além da questão da apreensão das lógicas espaciais geográficas através de práticas individuais frente ao espaço. E finalmente no capítulo 6 traremos uma conclusão parcial, ou melhor dizendo, uma introdução ao debate para essa nova forma de perceber o mapa e de como ensiná-lo.

Esperamos que o leitor aproveite bastante a leitura, sempre com ressalvas ao conteúdo abordado, pois uma história cartográfica tão enraizada assim pode causar estranhamento. Não estamos querendo substituir a questão matemática (euclidiana) da cartografia na Geografia, que avaliamos como de fundamental importância, mas pontuá-la dentro de uma possibilidade, abrindo assim caminhos para diversas outras, na qual a ciência já nos dá oportunidades e possibilidades de explorar.

2. CARTOGRAFIA: CONCEPÇÕES E POSSIBILIDADES PARA O ENSINO DE GEOGRAFIA

O potencial analítico da cartografia frente ao ensino de Geografia é um tema necessário e de fundamental importância para o desenvolvimento de uma educação que conjugue, de uma forma mais dinâmica e consistente, a construção dos conceitos geográficos a partir do mapa. Muito se tem pesquisado sobre tal temática[1], onde se destacam autores como Almeida (2007, 2014); Almeida e Passini (2010); Fonseca (2004); Fonseca e Oliva (2008, 2013); Girardi (1997, 2003); Katuta (1997, 2001); Le Sann (2007), Martinelli (2007, 2013); Oliveira (2007); Paganelli (2007); e Simielli (1986, 1999, 2007), entre outros.

Os diversos enfoques de tais autores abordam divergências e convergências em suas pesquisas, sejam estas de caráter teórico, metodológico e epistemológico da abordagem geográfica e de ensino-aprendizagem na/da cartografia ou da própria concepção de ciência geográfica. Mas a história da ciência nos mostra que este é o caminho onde os embates teóricos se mostram frutíferos para um avanço no entendimento do objeto proposto.

A perspectiva analítica do entendimento de mapas na escola perpassa pela própria história da cartografia como área científica do conhecimento, assim como o processo de reformulação epistemológica da Geografia, mas não somente isso.

---

[1] Segundo Archela (2000), entre o período de 1935 (ano da fundação do curso de Geografia na Universidade de São Paulo) a 1997, de todos os trabalhos científicos produzidos na área de Cartografia (incluídos aqui periódicos de divulgação científica e publicações de congressos e simpósios, além de dissertações e teses) 19% do total foi dedicado ao Ensino, somente superado pelo tema Cartografia teórica e técnica e se igualando à Cartografia e Natureza.

Questões de interesses pedagógicos, tais como a didática ou mesmo a Psicologia Escolar influenciam diretamente o ensino e a aprendizagem de mapas, trabalhados diretamente pelos autores acima citados e, em consonância direta com pesquisas da Geografia Escolar.

A partir do advento das novas tecnologias de informação, tais como os recursos de sensoriamento remoto orbital, Fonseca (2004) vai discorrer sobre um distanciamento metodológico entre a cartografia e a Geografia, decorrente da utilização de técnicas de processamento digital de imagens de satélite que não estariam servindo ao método geográfico. Em outras palavras, o geógrafo não mais estaria teorizando e praticando a cartografia, mas sim tendo pronto um produto, sem reflexão, desvinculando os métodos dos conteúdos.

Com isso Fonseca (2004) afirma que o mapa possuía, externamente à Geografia, um *status* superior do que possui no interior dessa ciência, como, por exemplo, nas disciplinas acadêmicas exatas e mesmo nas biológicas. Porém, em seu ensino, a cartografia se fazia mais presente, mas numa posição não muito importante e com qualidade precária. Sendo assim entendemos o trabalho com mapas subutilizado em sua plenitude nas aulas de Geografia, no qual a informação cartografada – seu conteúdo – é dissociada da forma – o(s) método(s) de representação – que ainda se ancoram ao euclidianismo. Sendo assim, há uma inflexibilidade para novas possibilidades de representação espacial, com a lógica matemática, na maioria das vezes, se mostrando o único caminho no ensino cartográfico na disciplina escolar Geografia.

Portanto, como reflexo dessa ideia, juntamente com o contexto do que se desenvolve na escola e sua relação com a academia (materiais didáticos produzidos, publicações, congressos, debates etc.) uma área de estudo vai sendo desenvolvida paulatinamente para discutir o ensino e aprendizagem de mapas: a Cartografia Escolar. Este campo começa a se estruturar a partir de uma conjuntura histórica do papel da escola na sociedade, na qual o desenvolvimento de uma cartografia que, de certa forma, já era presente nas aulas de Geografia, impulsionou estudos mais específicos da relação ensino-aprendizagem e dos mapas. Sendo assim, as formas tradicionais de abordagens cartográficas, tais como o decalque, a observação descritiva de fenômenos geográficos e mesmo o mapa como mera ilustração começam a ser contestados.

Assim, de uma forma geral, a Cartografia Escolar foi constituída em três grandes campos do conhecimento: a cartografia, a Geografia e a Educação. Vieira (2015) afirma que, com a utilização de material didático-pedagógico e dos recursos tecnológicos disponíveis, é possível trabalhar a aquisição de habilidades que envolvem os conceitos geográficos e a representação espacial contribuindo, assim, para o processo de ensino-aprendizagem a partir desse campo do conhecimento. Este diálogo entre as áreas foi assim apresentado por Seemann (2009) que o ilustra no seguinte esquema:

Figura 1: A tríade da Cartografia Escolar

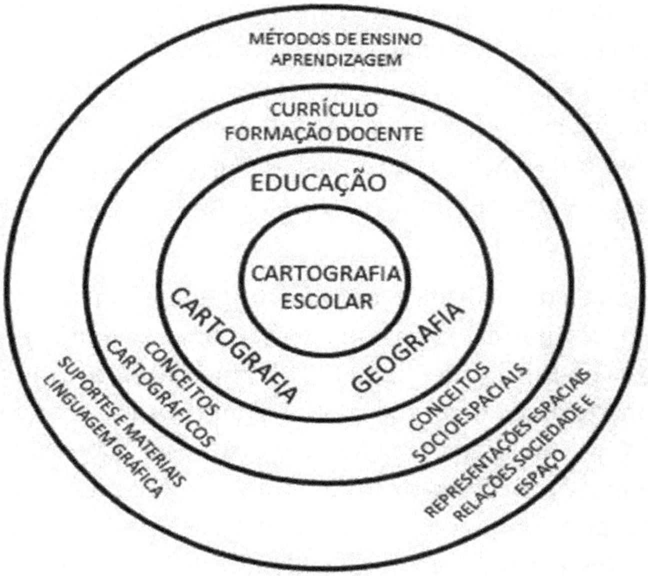

Fonte: SEEMANN (2009, p. 2)

Outro fator importante que contribuiu com a criação dessa nova área foi a conclusão de que a cartografia deve ser ensinada não como conteúdo, mas sim como uma linguagem (FONSECA, 2004; GIRARDI, 2003; JOLY, 2004; LE SANN, 2007; MARTINELLI, 2007; SIMIELLI, 1986, 2007). A comunicação entre duas ou mais pessoas exige algum tipo de linguagem, seja ela verbal ou não. A concepção de mapa tem mudado na história e hoje, a mais aceita, é a indissociabilidade entre criador e consumidor do produto cartográfico. Simielli (2007, p. 77-78) esclarece:

> Na vida moderna, é cada dia mais notório a utilização de mapas; portanto, cada vez mais, o trabalho do cartógrafo deve ser baseado nas necessidades e interesses dos usuários dos mapas. Por isso mesmo o cartógrafo deve conhecer subjetivamente o indivíduo que vai utilizar os mapas. Fundamentalmente, isso nos leva a destacar a importância da criação de uma linguagem cartográfica que seja realmente eficiente para que o mapa atinja os objetivos a que se propõe.

Joly (2004, p. 13) destaca também:

> Uma vez que uma linguagem exprime, através do emprego de um sistema de signos, um pensamento e um desejo de comunicação com outrem, a cartografia pode, legitimamente, ser considerada como uma linguagem. Linguagem universal, no sentido em que utiliza uma gama de símbolos compreensíveis por todos, com um mínimo de iniciação.

Diante do exposto, a cartografia se desenrijece de seu caráter mais técnico, ou seja, como uma ciência desvinculada da realidade do usuário do mapa? A cartografia como linguagem visual possibilita uma reaproximação com a Geografia e seu ensino, dando opções metodológicas e didáticas além de seu caráter lógico matemático, visando uma discussão mais apurada sobre a representação social nos mapas?

Acreditamos ser possível sim, uma cartografia mais flexível nas aulas, com a possibilidade real de associar um ensino de cartografia à Geografia mais próximo à realidade do aluno, em uma interação produtor-usuário de mapa mais afinado com a apreensão de conceitos socioespaciais, sendo possível criar opções metodológicas mais analíticas na interface mapas-Geografia.

A partir de uma linguagem visual, acreditamos contribuir para a facilitação do entendimento cartográfico além de seu caráter cartesiano/euclidiano tecnificado e exclusivo. E o presente livro traça caminhos para um debate mais amplo e, ao mesmo tempo, específico visando à compreensão da Cartografia Escolar nas aulas de Geografia nesse sentido.

Diante disso, é insuficiente refletir sobre tais questões sem acoplar à discussão a compreensão de qual é o objeto de estudo da Geografia. Como definir o objeto a ser trabalhado na Geografia Escolar? Quais são as premissas para se debater esta questão? Em um trabalho cartográfico acreditamos ser o espaço geográfico social, encarado em face de uma Geografia renovada, o objeto mais adequado para a apreensão de conceitos. Para isso, nos referenciamos nos trabalhos de Dutenkeffer (2010), Fonseca (2004, 2007), Fonseca e Oliva (2008), Lévy (1994, 1999, 2003, 2008), Oliva (2001), Richter (2011), Silveira (2006), e Simião (2011), entre outros.

Tais autores afirmam que a cartografia necessita ampliar suas bases teóricas e epistemológicas a partir de uma Geografia renovada, ou seja, com um objeto de estudo mais bem definido e voltado para um entendimento dos conceitos a partir de uma visão socioespacial. Acreditam que há um equívoco em considerar os estudos cartográficos tanto na Geografia quanto em seu ensino, baseados apenas em uma unilateralidade euclidiana no trato com os mapas. Sendo assim, qualificam como essencial a discussão de "quê" espaço, geográfico ou não, está sendo abordado na representação cartográfica, seja na escola ou mesmo na academia.

2.1 EPISTEMOLOGIA ESPACIAL DA GEOGRAFIA: ENTENDER BEM PARA ENSINAR BEM

Diante do exposto até aqui, a discussão epistemológica espacial da Geografia ganha importância, trazendo para o centro do debate o espaço geográfico no ensino de Geografia e cartografia.

CAPÍTULO 2

Segundo Moreira (2010), desde 1978[2] o pensamento geográfico brasileiro passa por um processo de questionamento, renovação discursiva e intenso debate, em uma renovação da ciência geográfica em linha direta com a consciência que os seus intelectuais têm das questões que a história a ela está considerando.

Portanto, é importante encarar renovação da Geografia como uma (re)interpretação das mudanças estruturais da sociedade ao longo do tempo, em um mundo em constante transformação, principalmente com o advento, ampliação e aceleração do fenômeno da urbanização. Com isso, o conceito de espaço geográfico se torna fundamental nos debates geográficos, tornando-se mais complexa sua teorização e seu entendimento.

Em consonância a isso, a disciplina escolar Geografia tem seus traços epistemológicos próprios, moldados por um jogo dialético entre a realidade da sala de aula e da escola, entre as transformações históricas da produção geográfica na academia e as várias ações governamentais, representadas hoje pelos guias, propostas curriculares, avaliações impostas aos professores e o embate acirrado entre escola pública e privada (PONTUSCHKA, 1999).

Cavalcanti (2010) afirma que um ponto de partida para se refletir sobre a construção de conhecimentos geográficos na escola parece ser o papel e a importância da Geografia para a vida dos alunos, ou seja, desenvolver e ampliar a capacidade dos alunos na apreensão da realidade do ponto de vista da espacialidade, a compreensão do papel do espaço nas práticas sociais e destas na configuração do espaço. Percebemos assim possíveis traços de renovação da Geografia e seu objeto a partir da apreensão do espaço como um condicionante social.

---

2   Nesse mesmo contexto de debate na Geografia, e no mesmo ano, a professora Lívia de Oliveira defendeu seu trabalho de livre docência intitulado "Estudo Metodológico e Cognitivo do Mapa", inaugurando o que vamos chamar até o momento de Cartografia Escolar no Brasil.

Sendo assim, consideraremos o espaço como geográfico e social também na escola, implícito em uma ciência renovada, como bem destaca Cavalcanti (2002, p. 23)[3]:

> O objeto de estudo geográfico na escola é, pois, o espaço geográfico, entendido como um espaço social, concreto, em movimento. Um estudo do espaço assim concebido requer uma análise da sociedade e da natureza, e da dinâmica resultante da relação entre ambas.

Com isso entendemos que a Geografia e a escola, com o advento da modernidade industrial-capitalista, se tornaram mais complexas e diversas, indicando uma necessidade de superar uma abordagem mais convencional do espaço geográfico, muito utilizada no chamado ensino tradicional, de cunho positivista, que se baseia numa estrutura padrão Natureza, Homem e Economia (N-H-E) exigindo dos pesquisadores, seja na academia ou na escola, mais atenção e cuidado no trato teórico, epistemológico e metodológico.

O conceito de espaço perpassa por diversas áreas do conhecimento, apresentando elementos que estão imbricados nas especificidades de cada área disciplinar. Porém, sua face geográfica tem que estar bem fundamentada e diferenciada de outros campos do conhecimento, a fim de congregar entendimento que amplie o sentido da dinâmica espacial na Cartografia Escolar.

Portanto, o espaço é um conceito/categoria importante para se trabalhar nas aulas de Geografia a partir dos mapas (FONSECA, 2004, 2007), mas é fundamental inserir o caráter epistemológico espacial nesta discussão, diferenciando espaço geográfico social, sob uma lógica renovada da ciência geográfica,

---

[3] Cavalcanti (2002) não fala em renovação da Geografia neste excerto, mas consideramos implícito por tratar o espaço geográfico como uma instância do social. Ver: SANTOS, 2002.

do espaço matemático euclidiano, que oculta, muitas vezes, de uma forma não intencional em suas abordagens, o social (FONSECA, 2004; FONSECA & OLIVA, 2008). O espaço euclidiano não tem a finalidade de representar o espaço geográfico renovado, restringindo-se à compreensão dos mapas a partir de distâncias (métricas) exatas.

Mas segundo Fonseca (2004), muitos autores (ALMEIDA, 2007, 2014; PAGANELLI, 2007; PASSINI, 2007, 2010; RUFINO, 1996; SIMIELLI, 1986, 2007) apresentam em suas obras algumas inconsistências em relação à conceitualização espacial. Traz no bojo de suas ideias o espaço como importância social, considerando muitas vezes a necessidade de se conhecer a realidade e o cotidiano do aluno, em uma linguagem mais acessível e estimulante. Porém, podemos afirmar que a distância matemática realmente estimula e aproxima o aluno de um entendimento mais factível de sua vida real? Acreditamos que, de certa forma, é útil, mas que não se trata de uma única opção teórico-metodológica para tal finalidade. Outros referenciais (métricos) são imprescindíveis para uma compreensão mais satisfatória dos mapas e de suas representações do real

Nesta perspectiva há, portanto, uma contradição já que tais autores invocam o espaço como geográfico e social, mas utilizam uma metodologia do espaço matemático euclidiano, naturalizando o espaço como uma simples porção da Terra, um mero pedaço de chão. Fonseca (2004) se refere a tal debate afirmando que há uma presunção de que o espaço geométrico é diferenciado da concepção de espaço geográfico no plano do conteúdo, mas apenas como discurso que, muitas vezes, naturaliza-o em relação ao plano metodológico de ensino (forma), sem um debate mais amplo sobre a epistemologia conceitual do espaço.

Com isso entendemos o conceito de espaço geográfico na cartografia como de diferenciação e não só de localização, exigindo múltiplos significados e métricas (FONSECA, 2004). A ausência de uma discussão sobre as concepções da ciência geográfica, assim como seu espaço é uma realidade na Cartografia Escolar de hoje, restringindo e limitando as diferentes abordagens possíveis, tais como as não-euclidianas, no estudo cartográfico na Geografia e seu ensino.

Como a ciência não se faz fundamentalmente do senso-comum, apesar de utilizá-lo, a perspectiva histórico-cultural de Vygotsky se apresenta como um contraponto à psicologização exagerada (CRACEL, 2011) e, muitas vezes, equivocada dos estudos de Piaget[4] (CASTELLAR, 2011), utilizados no entendimento da temática cartografia, Geografia e Educação. Poucos estudos ainda relacionam a perspectiva histórica do conceito – de espaço geográfico – com o desenvolvimento socioespacial no ensino do mapa, em que os estudos piagetianos que predominam estão alocados no fundo de mapa e métrica, essencialmente euclidianos, nos quais o espaço é predominantemente absoluto (lógico-matemático).

Cavalcanti (2010) nos explica que para entender o processo de formação de conceitos, via escolarização, é preciso considerar as especificidades e as relações existentes entre conceitos cotidianos e conceitos científicos, conforme o pensamento de Vygotsky. O desenvolvimento do pensamento conceitual, ainda segundo a autora, entendendo que ele permite uma mudança na relação cognoscitiva do homem com o mundo, é função da escola. Isso justifica a importância da formação de conceitos científicos na escola para o desenvolvimento da consciência reflexiva no aluno, para a percepção de seus próprios processos mentais.

---

4   O importante aqui é destacar que a proposta do presente livro não é tecer simplesmente críticas ou desmerecer o trabalho piagetiano com mapas, mas sim analisar novas formas teóricas e metodológicas para o entendimento do espaço como social na Cartografia Escolar e seu respectivo ensino de Geografia.

Para Richter (2011), segundo a teoria vygotskyana, o conceito é resultado de um processo complexo no qual se encontram o acúmulo de associações, a estabilidade da ação, a existência das representações e os fatores determinantes atrelados ao uso e ao sentido das palavras, através do entendimento de uma determinada linguagem de acordo com sua função comunicativa.

A relação entre a palavra e o conceito, mediados pela linguagem, se torna fundamental na compreensão dos signos representados na temática cartográfica escolar. O conceito nunca é formado para si mesmo, de uma forma neutra, mas construído segundo uma dinâmica social, com um contexto histórico específico que justifica sua existência e sua constante transformação. Entender a relação da construção e entendimento sócio-histórico dos conceitos e a linguagem visual na cartografia é fundamental em tempos de uma Geografia renovada.

Se considerarmos que o espaço geográfico, como objeto de estudo da Geografia acoplado à Cartografia Escolar, é um tema ainda prematuro no debate do meio científico-acadêmico, precisamos vislumbrar o espaço não em suas diferentes concepções, mas sim em sua dimensão geográfica. Visto as diversas contextualizações que tal conceito tem recebido ao longo do desenvolvimento da Geografia, seja em seu caráter acadêmico ou escolar, é fundamental entender a questão espacial sob diferentes vieses, associando a um debate teórico-epistemológico, seja em sua face euclidiana/absoluta ou em seu caráter social/cognitivo/relativo.

Diante disso, nosso livro está contextualizado no pressuposto de que as primeiras pesquisas no campo da Cartografia Escolar, especialmente a partir do trabalho de Oliveira (1978), foram embasadas na perspectiva de uma métrica unívoca, ou seja, lógico-matemática, que não realizaram leituras/análises compatíveis com o entendimento da produção do espaço geográfico desenvolvido pela Geografia Crítica/Renovada.

Para Fonseca e Oliva (2012, p. 26):

> há uma recusa em se admitir como mapa as representações do espaço que não obedeçam aos cânones desse universo mental. Ou então, em admitir-se que é preciso haver mudança de foco na medida das distâncias quando a realidade assim exigir (introduzindo medidas de tempo, de custo etc.). Isso se agrava no interior de uma disciplina cujo costume do debate científico foi pouco cultivado. Fosse o contrário já estaria assimilado na "cultura geográfica" que nem o euclidianismo (nem o kantismo e nem o espaço newtoniano) se sustenta bem, diante da teoria da relatividade, na física. Afinal, novas concepções foram elaboradas no interior da física, sem que ninguém considere, que estamos diante de algo esdrúxulo. No entanto, no campo da geografia (e da Cartografia Geográfica) a discussão teórica sobre a questão espacial permanece estagnada. Propor uma Cartografia que represente o espaço sem recorrer ao euclidianismo é expor-se à rejeição de geógrafos e cartógrafos, que embora tenham cada vez mais suas práticas separadas, mantêm-se parceiros nesse aspecto fundamental.

Posto isso, somente com as investigações mais recentes na Cartografia Escolar – pós-século XX – estas assentadas na superação do mapa como representação unicamente euclidiana, é que se abriram possibilidades de se interpretar a linguagem cartográfica como aporte para leitura dos arranjos espaciais de uma maneira mais plural, ou seja, com os condicionantes sociais acoplados a sua temática.

Nesse contexto de sistematização do conhecimento, o espaço é considerado como um conceito matemático na abordagem dos primeiros trabalhos (pré-século XXI), distanciando a Geografia, na cartografia, de seu caráter de renovação epistemológica. Ele pode aparecer também com um caráter muitas vezes multi ou interdisciplinar, se renovando em adesões externas (Filosofia, Sociologia etc.) desvinculando a Geografia e seu ensino de sua parte conceitual usualmente trabalhada e discutida em diversas instâncias na Universidade nos dias de hoje, ou seja, de um espaço social.

2.2. A CARTOGRAFIA COMO CIÊNCIA HUMANA: DISTÂNCIAS QUALITATIVAS

A influência do poder nos mapas continua praticamente intacta, mesmo com as inovações tecnológicas atuais. Porém, paralelamente a isso, novos caminhos se abrem no horizonte.

Com as novas tecnologias, há uma ampliação na disseminação da informação (FONSECA, 2004; FONSECA & OLIVA, 2008; RICARDO, 2006; VIEIRA, 2015), descentralizando os horizontes de análise cartográfica. Muitas abordagens em cartografia são desenvolvidas a partir de um aprofundamento analítico mais apurado das informações contidas nos documentos gráficos, ou seja, em uma análise potencializada dos mapas, inclusive na Geografia.

Kolacny (1994) definiu a cartografia como a teoria, técnica e prática de duas esferas de interesse: a criação e o uso dos mapas. Segundo Vieira (2015), Kolacny foi um dos pioneiros a destacar a importância da comunicação cartográfica, começando a aparecer com ele uma preocupação com o uso dos mapas. Posteriormente isso se configuraria em um modelo de transmissão de informação cartográfica, que teve importantes desdobramentos no entendimento das relações entre usuário do mapa, a mensagem transmitida e a eficiência do mapa como meio de comunicação.

Percebemos assim uma preocupação maior com o uso do mapa, a partir de sua gênese gráfica, abrindo possibilidades para um caráter mais analítico da informação geográfica. Souza e Katuta (2001) vão nesse mesmo caminho destacando a capacidade dos documentos cartográficos possibilitarem reflexão, análise e interpretação de qualidade das informações.

Vemos assim que há um salto qualitativo da cartografia como ciência, principalmente a partir de meados do século XX, apresentando avanços que precisam ser considerados, tais como o aparecimento do aspecto social no trato das informações, a questão da reflexão e da análise entendida aqui como uma ordem de ampliação da qualidade interpretativa, além da valorização da relação produtor-usuário.

Corroborando com isso, Martinelli (2007) assinala a intenção de mostrar que a cartografia não é apenas uma técnica, como hoje se enaltece, indiferentemente do conteúdo, mas ela também envolve o caráter social nessa relação. Como transformação teórica, Fonseca e Oliva (2013) contribuem afirmando que a cartografia se restringia a uma ciência que estudava e elaborava os mapas e que isso mudou: atualmente ela é também teoria cognitiva e teoria sobre as tecnologias que reduzem a complexidade do mundo real a uma representação gráfica.

Entender os contextos como a ciência, bem como seus conceitos e temas, nos estimula a desconstruir a noção tida como única e inequívoca de uma cartografia baseada quase que exclusivamente em conceitos e princípios que permitem uma medição de fenômenos em termos numéricos (distâncias, escalas etc.), contribuindo para que a cartografia também possa ser vista além de uma técnica (VIEIRA, 2015). Seeman (2003) concorda com a superação de tal visão e inclui assim nossas práticas sociais.

Martinelli (2007) ressalta que apesar de a Geografia estar culturalmente associada à cartografia, tal ciência possui suas especificidades. Sendo assim, apenas uma parte dos conhecimentos cartográficos serve como instrumento para representações gráficas em mapas e para as análises geográficas feitas a partir do mapa (SOUZA & KATUTA, 2001). Significa entender que a cartografia perpassa por várias áreas do conhecimento, sendo pertinente para nós analisar a cartografia para a Geografia. Com isso, apresentamos o esquema de Castro (2012) para esclarecermos os diferentes estudos dentro da grande área cartográfica:

Figura 2: Os campos de estudo da cartografia

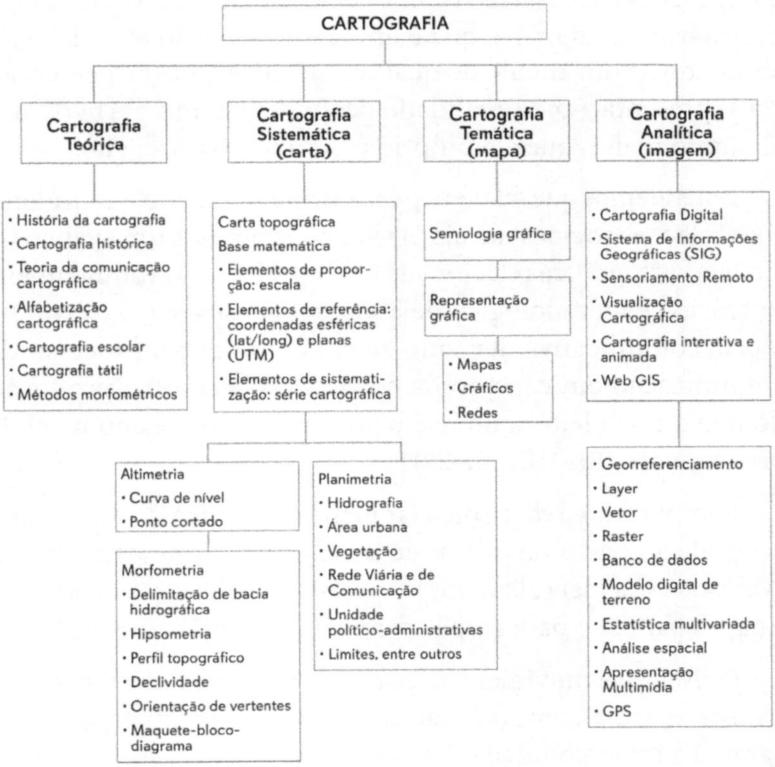

```
                            CARTOGRAFIA
    ┌───────────────┬───────────────┬───────────────┐
  Cartografia    Cartografia     Cartografia     Cartografia
   Teórica       Sistemática      Temática        Analítica
                   (carta)         (mapa)         (imagem)
```

Cartografia Teórica
- História da cartografia
- Cartografia histórica
- Teoria da comunicação cartográfica
- Alfabetização cartográfica
- Cartografia escolar
- Cartografia tátil
- Métodos morfométricos

Cartografia Sistemática (carta)
- Carta topográfica
- Base matemática
- Elementos de proporção: escala
- Elementos de referência: coordenadas esféricas (lat/long) e planas (UTM)
- Elementos de sistematização: série cartográfica

Altimetria
- Curva de nível
- Ponto cortado

Morfometria
- Delimitação de bacia hidrográfica
- Hipsometria
- Perfil topográfico
- Declividade
- Orientação de vertentes
- Maquete-bloco-diagrama

Planimetria
- Hidrografia
- Área urbana
- Vegetação
- Rede Viária e de Comunicação
- Unidade político-administrativas
- Limites, entre outros

Cartografia Temática (mapa)
- Semiologia gráfica
- Representação gráfica
  - Mapas
  - Gráficos
  - Redes

Cartografia Analítica (imagem)
- Cartografia Digital
- Sistema de Informações Geográficas (SIG)
- Sensoriamento Remoto
- Visualização Cartográfica
- Cartografia interativa e animada
- Web GIS
- Georreferenciamento
- Layer
- Vetor
- Raster
- Banco de dados
- Modelo digital de terreno
- Estatística multivariada
- Análise espacial
- Apresentação Multimídia
- GPS

Fonte: CASTRO, 2012, p. 45.

Percebemos no esquema apresentado o quão é diverso o estudo cartográfico, a partir do qual nos localizamos nesse livro, em parte, na cartografia teórica (Cartografia Escolar) e cartografia temática (semiologia gráfica).

Importante é destacar que o problema de apreensão e construção do aspecto espacial tem que ser central na análise dos mapas, a partir do qual Oliveira (2007) falará em uma metodologia do mapa, na qual, segundo ela, não podemos nos prender unicamente ao processo perceptivo, mas também é preciso compreender e explicar o processo representativo, ou seja, é necessário que o mapa, que é uma representação espacial, seja abordado de um ângulo do qual se permita explicar a percepção e a representação da realidade geográfica como parte de um conjunto maior, que é o próprio pensamento do sujeito.

Entendemos que falar em pensamento do sujeito é considerar suas relações socioespaciais. Assim constatamos um avanço na ciência cartográfica relacionada à Geografia no aprofundamento teórico e metodológico de abordagem espacial, baseado na teoria comunicativa, levando-se em conta que o processo de comunicação em cartografia coloca a criação ou a produção do mapa e sua leitura ou uso pelo usuário no mesmo nível de preocupação (SIMIELLI, 2007).

É importante refletirmos também um avanço da cartografia geográfica a partir das ideias de Bertin e sua semiologia gráfica, avançando na ideia além dos mapas mais tecnicistas euclidianos (mapas para ler) para mapas para leigos (mapas para ver).

Pensar esse movimento a partir da relação com a Geografia é *mister* para a compreensão do espaço, mas um espaço que garanta a inteligibilidade das complexas relações sociais representadas nas formas gráficas dos mapas. Mas que espaço é este? Que Geografia é esta? Avaliamos que o espaço é o geográfico, representante maior dos conceitos socioespaciais, e a Geografia, aquela oriunda dos movimentos de renovação desta ciência.

3. FORMAS TRADICIONAIS DE SE ENSINAR (E PENSAR) CARTOGRAFIA E GEOGRAFIA NO AMBIENTE ESCOLAR: MAS QUE ESPACIALIDADE DEVEMOS ABORDAR?

Quando somos perguntados se entendemos ou mesmo sabemos Geografia, a costumeira pergunta prontamente é anunciada: Qual a capital de um determinado país? Isso incomoda parte da comunidade geográfica, mas ela tem certo sentido. A Geografia, dita tradicional ou clássica, apresenta características de análise dos fenômenos a partir da observação da realidade ao mundo dos sentidos, incluindo aí a memorização. Então quando alguém te pergunta a capital de algum estado ou país e você não sabe, considere que a Geografia também é uma ciência da descrição e da memorização dos fenômenos.

Nesta perspectiva tradicional ou clássica, há uma redução da realidade ao mundo dos sentidos, ou seja, os estudos dos fenômenos e eventos devem se restringir aos aspectos visíveis, mensuráveis, concretos. Isso nos leva a entender a face clássica de nossa ciência como empírica, pautada na observação, tida como a única forma possível de se obter o conhecimento. Mas isso não é de se surpreender, visto que grande parte das tradições científicas ocidentais se pauta – ou mesmo se pautou – nessa premissa.

Com procedimentos de análise (descrição, enumeração, classificação e comparação) é possível alcançar as conclusões gerais e ao descobrimento das leis de funcionamento ou mesmo interação homem-meio, sociedade-natureza. Diante disso, o professor Antonio Carlos Robert de Moraes, o Tonico, afirma:

> [...] a descrição, a enumeração e classificação dos fatos referentes ao espaço são momentos de sua apreensão, mas a Geografia Tradicional se limitou a eles; como se eles cumprissem toda a tarefa de um trabalho científico. E, desta forma, comprometeu estes próprios procedimentos, ora fazendo relações entre elementos de qualidade distinta, ora ignorando mediações e grandezas entre processos, ora formulando juízos genéricos apressados. E sempre concluindo com a elaboração de tipos formais, a-históricos, e, enquanto tais, abstratos (sem correspondência com os fatos concretos). Assim, a unidade do pensamento geográfico tradicional adviria do fundamento comum tomado ao Positivismo, manifesto numa postura geral, profundamente empirista e naturalista (MORAES, 1986, p. 22).

Mas será que pensarmos a Geografia somente em premissas descritivas, enumerativas, classificativas e mnemônicas (memória) em tempos contemporâneos, onde a velocidade das informações e transformações do espaço geográfico são extremamente rápidas e complexas? Certamente que não. Em resposta a isso, a Geografia está em constante transformação, principalmente em consideração à discussão espacial, que nos interessa nesse momento neste livro.

Com as mudanças da sociedade mundial, as limitações de abordagem espacial no seio da sistematização do conhecimento geográfico se tornam evidentes, pois toda uma ciência estava ainda em formação, juntamente com novas dinâmicas territoriais em um mundo que, em sua estrutura socioeconômica capitalista, estava atingindo patamares nunca antes delimitados, como os rumos da urbanização, os novos modos de produção, a nova divisão do trabalho e a luta por direitos sociais e humanos.

Portanto, os chamados movimentos de renovação da Geografia são oriundos de uma contestação das perspectivas vigentes até então de tal conhecimento, buscando novos caminhos, linguagens, propostas, ou seja, uma maior liberdade de reflexão e criação (MORAES, 2005). A suposta unidade contida na Geografia é perdida, abrindo espaço para uma dispersão das perspectivas, introduzindo a possibilidade do novo.

Um dos autores que, segundo Moraes (2005), está no limiar entre o novo e o antigo na Geografia é R. Hartshorne. Para além do determinismo e possibilismo geográfico, ele propõe o estudo de diferenciação de áreas, isto é, que visa explicar "por quê" e "em quê" diferem as proporções da superfície terrestre, apreendidas ao nível do senso comum. Quanto aos conceitos, Harshtorne (1978) contribui para a discussão espacial com uma definição metodológica de área.

Falar em área então nos remete a espaço. E o esforço de Hartshorne (1978) para contextualizar tal conceito abriu frentes para um entendimento das formas de abordagem geográfica, tanto no aspecto conceitual quanto metodológico, na lógica da análise espacial a partir da seletividade daquilo que é observado, associando aqui a área representada no mapa.

A esta forma de estudo, Harshtorne (1978) chamou de Geografia Idiográfica, que seria a análise singular (de um só lugar) e unitária (tentando apreender vários elementos), que levaria a um conhecimento bastante profundo sobre determinado local. Muitos trabalhos científicos até hoje utilizam tais premissas, inclusive na cartografia (MORAES, 2005). Observa-se assim uma confusão entre os conceitos de área e espaço, nas quais tal espaço ou tal área servirá de escala de análise de acordo com as especificidades dos objetos de pesquisa.

A partir das formulações de Harshtorne, Moraes (2005) fala em uma crise da Geografia Clássica[5], elencando três motivos: 1 – transformação do modo capitalista concorrencial para o

---

5 Para efeito de pesquisa, consideraremos Geografia Clássica aquela que não faz parte dos chamados movimentos de renovação de tal ciência.

monopolista, mediada por uma revolução tecnológica; 2- o desenvolvimento do capitalismo como uma realidade mais complexa, apresentando fenômenos novos tais como o ritmo desenfreado da urbanização, a mecanização do campo e as novas conceitualizações sobre o lugar e 3- os fundamentos filosóficos, tal como o positivismo, a partir do qual o desenvolvimento das ciências como um todo já tinha ultrapassado tais postulados, tornando a Geografia uma das últimas áreas a postular o positivismo clássico, encarados, a partir de então, como simplista demais para a complexidade da realidade posta.

Sendo assim, o Estado se apresentava agora como planejador econômico, regulador e ordenador da sociedade capitalista. O planejamento territorial se apresenta como uma ação deliberada na organização do espaço. Isto defasou o instrumental de pesquisa da Geografia, implicando em uma crise das técnicas tradicionais de análise. Estas não davam mais conta sequer da descrição e representação dos fenômenos da superfície terrestre. O território, mesmo com o conceito de área de Harshtorne, ainda se confundia com a teorização sobre o espaço geográfico. Moraes (2005, p. 34-35) explica:

> O instrumental elaborado para explicar comunidades locais não conseguia apreender o espaço da economia mundializada. Estabelece-se uma crise de linguagem, de metodologia de pesquisa. O movimento de renovação vai buscar novas técnicas para a análise geográfica. De um instrumental elaborado na época do levantamento de campo, vai se tentar passar para o sensoriamento remoto, as imagens de satélite, o computador.

A unidade da ciência, característica da Geografia Clássica, abre espaço para uma dispersão, advinda da diversidade de métodos de interpretação e posicionamentos dos autores que compõem os movimentos de renovação. Moraes (2005) indica que a busca do novo foi empreendida por variados caminhos, gerando propostas antagônicas e perspectivas excludentes, em um mosaico bastante diversificado, abrangendo um leque muito amplo de concepções.

O que nos interessa aqui é pensar em alternativas da Geografia Clássica para o ensino. Dessa forma, a matemática começa a ser utilizada nos estudos geográficos, tanto em sua ciência como na escola. Outras formas de se fazer Geografia existiram, mas, para pensar a questão do ensino de cartografia, vamos nos ater a essa, a Geografia Pragmática.

Esta forma de se pensar e agir perante os estudos geográficos vai considerar o espaço como absoluto, tal como Harshtorne, e foi muito aplicada nas questões de planejamento estatal e privado, necessárias ao pensamento contemporâneo capitalista. Moraes (2005) vai nos dizer que tal Geografia efetua apenas uma crítica à insuficiência da análise tradicional, atacando, principalmente, o caráter não prático da Geografia Clássica. Quem já não viu um bairro, cidade ou mesmo zona industrial sendo planejada? Geralmente este planejamento é feito em formas geometrizadas, com sua organização obedecendo a padrões lineares matemáticos.

Na verdade, temos mais do mesmo, deslocando um posicionamento positivista para um neopositivista, pois é inoperante como instrumento de intervenção da realidade. Desta forma, seu intuito geral é o de uma renovação metodológica, o de buscar novas técnicas e uma nova linguagem, que dê conta das novas tarefas postas pelo planejamento capitalista.

Portanto, a Geografia Pragmática se constitui como uma Geografia aplicada, utilizando dos meios matemáticos e estatísticos, em que o planejamento é uma nova função posta pelas classes dominantes, como instrumento de dominação a serviço do Estado burguês (MORAES, 2005). Simplesmente uma mudança de forma, sem alteração do conteúdo social. Neste sentido, o pensamento geográfico pragmático e o clássico possuem uma continuidade, dado por seus instrumentos práticos e ideológicos da burguesia.

Com isso, há uma complexização apenas do discurso, aceitando o raciocínio dedutivo acoplado ao caráter descritivo da ciência, apoiado na observação de campo, utilizando como procedimento de análise as correlações matemáticas expressas em índices, sem um debate epistemológico.

Todas as questões tratadas – as relações e inter-relações de fenômenos de elementos, as variações locais da paisagem, a ação da natureza sobre os homens etc. – seriam passíveis de serem expressas em termos numéricos (pela medição de suas manifestações) e compreendidas na forma de cálculos. Para a Geografia Pragmática os avanços da estatística e da computação propiciam uma explicação geográfica. Outra nomenclatura geográfica foi utilizada para tratar essas questões, mas ainda dentro do pragmatismo: a Geografia Quantitativa, Modelística e Teorética.

Mesmo com uma proposta renovadora, a Geografia Pragmática vai nos conceber um espaço bem aquém daquele espaço social que buscamos, em que essas novas metodologias vão impulsionar a percepção de uma realidade baseada em números, onde os mapas acompanham esse ritmo matemático, estatístico, lógico e preciso de representação da realidade. Segundo Girardi (2003), após o marco da 2ª Guerra Mundial, a vinculação cartografia e Geografia, que era um corpo indissociável de conhecimentos na Geografia lablachiana de sínteses regionais até meados do século XX, apresentará uma ruptura.

É o caso da Geografia Pragmática que, conforme Moraes (2005) abandona os mapas e a Geografia de perspectiva humanística que se interessa por significados, valores, metas e propósitos mais do que uma mecânica espaço-temporal e, por isso, suplanta o trabalho com mapas convencionais pelo seu caráter não humanista.

Fonseca (2004) diz que se opera no interior dessa primeira onda renovadora pós Segunda Guerra Mundial, uma inversão da problemática homem-natureza para a problemática sociedade-espaço, com teorização sobre o que vem a ser espaço, cuja centralidade encontrada seria a questão da distância, visando explicar localizações, diferenciações espaciais, interações espaciais, peso da distância etc.

Portanto, entendemos que os rumos para uma qualidade analítica dos conceitos socioespaciais estavam se delimitando, com novas metodologias e com o espaço, ainda não socializado, diga-se de passagem, mas centralizado como objeto de estudo.

Fonseca (2004) afirma ainda que foi no âmbito da Geografia Pragmática que pela primeira vez, de maneira teórica, o espaço geográfico foi definido como objeto da Geografia e referência integral para a construção de modelos matemáticos com base nos seus fluxos e distâncias. Ela afirma também que embora tenha tratado o espaço a partir de modelos importados das ciências naturais, que vai chamar de engenharia do espaço, ao colocar no centro o espaço construído pelo homem, essa Geografia pode ser considerada um marco para a renovação da disciplina.

Ao pensar a relação sociedade e espaço (e não mais relação homem e natureza), a Geografia Pragmática ou quantitativa, em sua visão, empregou na teoria espacial a concepção de espaço relativo[6], admitindo métricas distintas para a apreensão do espaço, diferentemente de Moraes (2005) que afirmara anteriormente como espaço absoluto de Harshtorne.

Sendo assim, o espaço entendido como absoluto, neutro, matemático, sem um sentido e sem significado humano e social não criará condições, a partir do trabalho docente por esse viés, de uma apreensão conceitual socioespacial.

Ricardo (2006) afirma que o objetivo do ensino tradicional (clássico) de Geografia é propiciar o treinamento de certas habilidades espaciais. Assim, segundo Mizukami (1986), essas habilidades são entendidas como respostas emitidas, caracterizadas por formas e sequências específicas, em que a educação estará intimamente ligada à transmissão cultural, e a escola deverá transmitir conhecimentos básicos para a manipulação e controle do mundo.

Pontuschka (1999) deixa evidente que a Geografia Pragmática, com traços renovados, mas ainda ligada à clássica, não teve repercussão direta no ensino fundamental e médio, mas, no entanto, medidas ligadas à política educacional no país – em plena Ditadura Militar – levaram para as escolas livros didáticos com saberes geográficos extremamente empobrecidos em conteúdos escolares, desvinculados da realidade vivida e descaracterizados pela proposta de criação, em substituição da Geografia e História, do chamado Estudos Sociais.

É importante considerar nesse debate a existência de pelo menos duas dimensões que expressam o conhecimento

---

6 Segundo Fonseca (2004) a visão concorrente à de espaço relativo é aquela do espaço absoluto, relacionado ao euclidianismo, porque ele é a base dessa geometria cartográfica. Esse espaço supõe a continuidade (nada de lacuna) e a contiguidade (nada de ruptura), mas também a uniformidade, que é uma métrica constante em todo ponto. É um caso particular do que em matemática se denomina como espaço métrico. Com isso, podemos citar um exemplo: espaço absoluto – a cidade está no espaço; espaço relativo – a cidade é o espaço geográfico.

geográfico: de um lado, uma dimensão da disciplina escolar, diretamente relacionada às práticas educativas, articuladas com a trajetória do desenvolvimento dos currículos escolares; e de outro, a dimensão do conhecimento sistematizado, um campo teórico-metodológico submetido aos critérios de validade do paradigma científico dominante. E tais dimensões, de certa forma, estimularam uma discussão para o desenvolvimento de uma crítica às formas vigentes de ensino de Geografia até então (GIROTTO, 2016).

Contudo, para Albuquerque (2011), não é tão simples e nem consensual encarar o ensino de Geografia como uma única dimensão ou simplesmente duas nesse processo de apreensão e transmissão dos conhecimentos geográficos, mas sim uma compreensão que a disciplina escolar e a acadêmica estão (ou deveriam estar) em um constante debate sobre a gama de influência entre a escola e a Universidade.

Para a autora, a discussão tem que estar alocada numa dinâmica de mão dupla, ou seja, admitir que a relação entre essas duas instituições se configura por trocas, e não somente por determinações da segunda à primeira. Dessa forma, Albuquerque (2011, p. 2) afirma:

> Parte dos autores que analisam o ensino de Geografia compreende a disciplina escolar e a acadêmica, como tendo uma única dimensão, ou como se a primeira fosse uma expressão decorrente e simplificada da produção acadêmica. Assim, discorrem sobre o pensamento geográfico brasileiro e incluem a produção escolar, especialmente aquela publicada entre o século XIX e início do XX, como parte da produção geográfica, abordando-a como resultado dos desdobramentos que decorrem especificamente das produções acadêmicas ocorridas fora do Brasil. Em muitos casos a Geografia escolar é tida como um marco inicial do desenvolvimento do conhecimento geográfico e, posteriormente, como algo que se reproduz a partir do que se fazia/faz na academia.

Outra forma de debate nessa relação Universidade – Escola Básica é o conceito de cultura escolar, que nada mais é o reconhecimento da escola no movimento contraditório e concreto dos seus sujeitos como lugar de produção de saberes, ações, conhecimentos e concepções que se organizam e formam uma cultura escolar, relativamente autônoma, mas imbricada no movimento da totalidade social. Giroto (2016, p. 6) fala mais sobre isso:

> Neste pressuposto, o conhecimento escolar deixa de ser apenas tributário do conhecimento acadêmico e passa a ser interpretado como resultado de uma história própria que diz respeito ao processo de escolarização da sociedade moderna como foco na instituição escolar que ganhou ênfase a partir da dupla Revolução: Industrial e Francesa. [...] Partir do entendimento da cultura escolar como resultado, meio e condição da ação educativa implica ações políticas e formativas para além daquelas que definem a racionalidade técnica da transposição didática. O conhecimento acadêmico, seus sujeitos e lugares de produção deixam de ser o centro do processo formativo e se torna mais uma possibilidade de entrada, necessária, mas não suficiente, no processo de formação docente.

As contestações de uma Geografia Clássica e seus aspectos espaciais dentro da academia vêm com o livro de Yves Lacoste, sob o título "A Geografia – isso serve em primeiro lugar para fazer a guerra", que desencadeou debates polêmicos entre os geógrafos das diferentes correntes, pensamentos e gerações.

Para Lacoste, o Estado ou a grande empresa possuíam uma visão integrada de espaço, por sua intervenção em vários lugares, enquanto o cidadão comum tinha uma visão fragmentada, restringindo-se ao seu dia a dia, sem informações sobre outras realidades, outros ambientes. Afirma também que mesmo o conhecimento dos locais de moradia ou de trabalho do cidadão era parcial.

Este livro de Lacoste influenciou muito a Geografia brasileira, num momento que sua face mais clássica e tradicional era contestada. Para Pontuschka (1999) a discussão espacial, colocada como central nos movimentos de renovação da Geografia, toma um formato mais analítico, em que a contestação política é colocada em primeira ordem na denúncia da parcialidade na apreensão espacial do Estado, onde a realidade é ocultada como intenção da reprodução capitalista moderna.

Essa contestação é baseada em um elemento unificador como método de investigação da realidade, o materialismo histórico e dialético, buscando superar os diferentes dualismos que a Geografia sempre teve desde que se constituiu em um corpo sistematizado de conhecimentos. Com isso, a ciência se abre para pensadores não geógrafos, tais como Henry Lefebvre, Manuel Castells, Michel Foucault, para citar os mais conhecidos e influentes.

É importante destacar aqui que, se a ciência geográfica passa por debates e questionamentos aos seus métodos e teorias, a Geografia na escola deveria passar pelo mesmo processo. Mas não é tão simples assim. Lembre-se que colocamos aqui que o pensamento científico desenvolvido na Universidade é diverso daquele produzido na escola básica. E corroboramos com isso.

Essa dita transposição de saberes não é automática, justamente por serem realidades diferenciadas de ensino. Obviamente se tem uma relação entre formação inicial do licenciando em Geografia, por exemplo, e sua futura profissão docente nas escolas. Entretanto, isso não se dá como uma simples aplicação do que foi aprendido na Universidade junto às realidades de ensino e aprendizagem na escola. É mais complicado.

Pontuschka (1999), citando sua pesquisa com a Secretaria do Estado da Educação de São Paulo (SEE – SP), afirma que mesmo com a formação de professores e com as propostas metodológicas baseadas na renovação da Geografia, o processo de mudança nas escolas ainda é lento. Os docentes atribuíam a impossibilidade de mudanças às precárias condições de trabalho oferecidas e às constantes reorganizações que impedem a formação de equipes de reflexão pedagógica específica, além da existência de muitos professores não geógrafos dando aulas de Geografia.

Cavalcanti (2008, p. 35) também vai por esse caminho, afirmando:

> Não se pode, entretanto, deixar de assinalar que, apesar de já ter sido amplamente criticada e teoricamente superada (como demonstra uma grande quantidade de pesquisas a respeito), a prática desse ensino continua quase inalterada, predominando até agora o ensino tradicional, baseado na memorização de dados isolados, e ainda tendo como critério da aprendizagem dos alunos a sua capacidade de reproduzir os conteúdos apresentados, sem questionamentos, sem muito espaço para reelaboração, para a construção de conhecimentos novos, para a produção da autonomia do pensamento geográfico.

Sendo assim, consideramos relevantes as reflexões de Cavalcante e Lima (2018), nas quais eles enfatizam a reflexão sobre os princípios epistemológicos da Geografia, que inclui a análise do processo de construção do conhecimento da Geografia Escolar, ajudando a entender as dificuldades de "fazer chegar" os avanços da Geografia acadêmica na prática escolar e os conhecimentos da escola avançarem para dentro da Universidade.

Mas é sempre importante frisar que a Geografia Escolar, tal como Cavalcanti (2008) enfatiza, é estruturada e realizada em última instância pelo professor, em seu exercício profissional cotidiano. Sendo assim, a garantia de renovação da Geografia, seja ela escolar ou mesmo acadêmica é um assunto que ainda carece de pesquisa e discussão. Um professor pode estar inovando de uma forma isolada em determinada escola ou rede, e não sabemos disso.

O que as pesquisas apontam é que os métodos tradicionais de ensino e aprendizagem, tanto na Geografia como em outras áreas do conhecimento, são muito mais presentes que as inovações, tanto em instituições públicas como particulares.

Portanto, chegamos a uma conclusão parcial de que a Geografia, tratada como ciência no meio universitário, se desenvolveu além da chamada Geografia tradicional ou clássica, através da Geografia Pragmática e outras vertentes da Geografia Crítica. Entretanto, isso não ocorre no meio escolar na educação básica, a não ser em determinadas situações pontuais que envolvam projetos inovadores em escolas ou mesmo redes de ensino.

Pensando que a inovação da Geografia é constantemente debatida no meio acadêmico, será que isso ocorre na cartografia e seu ensino? Novamente isso não acontece de uma forma automática. É importante lembrarmos que a cartografia não se dá apenas na ciência geográfica, mas perpassa por várias outras ciências. Assim como o espaço.

Na visão clássica da ciência geográfica, os mapas utilizados eram quase que exclusivamente baseados no euclidianismo, ou seja, numa modalidade geométrica apenas. Isso tinha um motivo, pois as bases cartográficas precisavam ser precisas e mensuráveis para a expansão mercantilista de até então. A questão é que essa visão – para um objetivo específico – se naturalizou para além, com a difusão de uma ideia geral e padrão que um mapa, para ser mapa, tem que ser baseado nessa visão ou mesmo numa convenção.

A Geografia Pragmática vai trazer uma interpretação de mapas um pouco mais elaborada, demandando uma leitura muito próxima à que temos de um texto verbal, por exemplo. Archela (2000) situou a cartografia na Geografia Pragmática por mapas um tanto complexos, pois exigem uma leitura do texto, conhecimento do conteúdo estatístico e matemático e um momento rico com vários elementos de renovação, tais como a evolução na comunicação da informação cartográfica, o desenvolvimento da Modelização Cartográfica, da Semiologia Gráfica e da cartografia da Cognição.

Assim compreendemos a gênese de uma necessidade de leiturização[7] de mapas a partir de uma realidade de renovação da Geografia. Ricardo (2006) afirma que o ensino e aprendizagem com mapas não parece requerer abordagens de ensino diferentes daquelas propostas pela tradicional, pois para se capacitar para o mundo do trabalho, os alunos precisam ter posse dos conhecimentos técnicos elaborados por essa nova Geografia. Ao professor, cabe intermediar a transmissão dos dados, sistemas e modelos levando o aluno a conseguir interpretá-lo. Interessa mostrar ao aluno o produto desse conhecimento, sem que, necessariamente, seja objetivo levá-lo a compreender o processo.

A autora continua afirmando que o conteúdo transmitido no ensino de Geografia, a partir dos mapas, numa ciência renovada, visa à formação de alunos leitores de mapas, mas uma leitura parcial de decodificação das informações que constam no mapa visando objetivos que levem à competência para o trabalho capitalista. O ensino é centrado na transmissão de aspectos mensuráveis e palpáveis do mundo objetivo e o aluno é considerado um receptáculo de informações e conhecimentos.

---

7 Veremos mais adiante que não é só uma leiturização e sim também uma visualização.

Os aspectos conceituais socioespaciais são desconsiderados, visto que muitos mapas, disponibilizados em escalas muito pequenas nas salas de aula, tais como os mapas-múndi e os atlas, ainda oferecem um aprendizado baseado no sentimento de pátria e nos contornos de uma nação tão grande quanto o Brasil. Com isso, que possibilidades os professores têm de construir uma percepção de pertencimento socioespacial pelo aluno a partir de linhas, pontos e áreas de um mapa que se mostra sem significado em relação a sua realidade cotidiana? Certamente, de acordo com as finalidades propostas, resultados aparecerão, mas não em uma apreensão social e vivida espacialmente.

Sendo assim, o espaço entendido como absoluto, neutro, matemático, sem um sentido e sem significado humano e social não criará condições, a partir do trabalho docente por esse viés, de uma apreensão conceitual socioespacial. Portanto, como analisou Harley (2009), a cartografia será condicionada a um espaço fundamentado no planejamento estratégico capitalista, na decodificação de dados para a condução, implementação e avaliação dos diversos fenômenos que se manifestam no espaço, excluindo o espaço do aluno, com um espaço capitalista traduzido como cotidiano, negligenciando o entendimento discente da representação do real e cerceando a autonomia do aluno no processo como um todo.

Com a ruptura[8] da Geografia Clássica, temos uma associação entre a Geografia Pragmática e a Epistemologia Genética de Piaget, ou seja, um trabalho conjunto entre conteúdos geográficos de cunho matemático e a Psicologia escolar no trato metodológico na Geografia escolar. Essa nova forma de ensinar a Geografia, inclusive com a utilização de mapas como

---

[8] Sabe-se que essa ruptura é parcial, dentro de um entendimento teórico e conceitual dentro da Universidade e em algumas escolas e redes de ensino distribuídas pelo Brasil.

instrumento para isso, foi extremamente criticada por geógrafos que buscavam outros caminhos para a compreensão e explicação do espaço geográfico como resposta aos seus questionamentos.

Quanto às Geografias Críticas[9], Fonseca (2004) afirma que a relação com a cartografia foi raramente mantida em seus trabalhos científicos. No máximo, ainda segundo a autora, o viés crítico da Geografia se apresentava com mapeamentos de dados ligados às causas sociais consagradas como progressistas e radicais, como o ambientalismo, a solidariedade aos pobres, posturas antiglobalização, mas sempre sob uma forma tradicional de cartografia convencional. Assim contextualizam Souza e Katuta (2001, p. 124):

> Essa Geografia que pretendia ser revolucionária, crítica, valorizou, num primeiro momento, o discurso sobre a questão do método de leitura da realidade, descuidando, assim, de reflexões necessárias no que se refere aos conhecimentos técnicos e cartográficos.

Entretanto, é importante destacar que as Geografias Críticas, como postura emergente, fazem uma série de questionamentos ao determinismo espacial, revigorando a cartografia, caracterizada agora por um esforço de renovação teórica, que procura se sustentar tanto numa elaboração mais consistente de espaço geográfico, quanto incluída no interior das discussões mais avançadas sobre a questão das linguagens. Conforme explica Fonseca (2004, p. 35):

> Essa necessidade incontornável de teorização do espaço geográfico (entendido como uma busca da inteligibilidade

---

9   É importante considerar as contradições do movimento crítico na Geografia, tanto em seu universo acadêmico quanto escolar, pois se por um lado maturou conceitos como o de espaço, por outro não abandonou os métodos tradicionais de abordagem cartográfica, ainda privilegiados sob o fundo de mapa euclidiano.

da espacialidade do social) é chave no repensar da Cartografia, visto que até então ela se constitui numa via naturalizada de um espaço euclidiano congelado. E é justamente nesse aspecto que o avanço da teorização em espaço vai atuar e abalar a Cartografia convencional.

Segundo Fonseca (2004), a Geografia Escolar, e especificamente a Cartografia Escolar, se desvincula muito do que é apreendido no entendimento epistemológico da ciência aqui abordada, pois há um manancial de criticidade teórica em desenvolvimento nesse campo, que já demonstrou seu valor social.

Para a autora, com o descompasso entre escola e academia como um fator limitante na eficácia do ensino da Cartografia Escolar, há um desequilíbrio entre o "como" ensinar (métodos) e o "que" ensinar (conceito), no qual os mapas, muitas vezes, são considerados meras ilustrações instrumentais para apreensão de conteúdo ou recursos didáticos inúteis, tais como os decalques.

Diante disso há um desvinculo entre a forma (caráter visual e gráfico dos mapas) e os conteúdos (fenômenos geográficos), transformando o ensino de cartografia na Geografia em aulas sem significado para os alunos. Inerte à realidade cotidiana escolar, vinculado a uma única via metodológica de ação, o euclidianismo se apresenta muitas vezes como a única métrica abordada nos mapas em aula, diferenciando-se dos inúmeros referenciais socioespaciais dos sujeitos escolares, desconsiderando a complexização conceitual de uma nova Geografia, demandada por uma sociedade em constante transformação.

Os conceitos socioespaciais, traduzidos pelo espaço geográfico numa lógica renovada da Geografia, não são mais compatíveis com uma única opção metodológica cartográfica, pois o mundo e sua sociedade se renovaram também. Outros referenciais métricos precisam ser considerados no ensino de mapas, (re) traduzindo o conhecimento geográfico escolar para uma amplidão de possibilidades conceituais e metodológicas na cartografia.

A Geografia Escolar, juntamente com a cartografia, em um universo de análise crítica da ciência, tem que estar condizente com suas bases teóricas, contribuindo para a formação do cidadão crítico, em suas elaborações originais, com sua autonomia como campo do conhecimento, onde há necessidade de uma relação de troca entre o que a ciência renovada propõe e, paralelamente, o que se ensina e o como se ensina na construção do conhecimento geográfico escolar.

A Geografia como ensino e aprendizagem tem que mudar na escola, assim como a cartografia. Porém, não adianta inovar pedagogicamente as práticas de ensino e aprendizagem, se os conteúdos são desvinculados dos métodos, com uma epistemologia oculta, em que os conceitos espaciais não são sociais, mas predominantemente técnico-matemáticos.

A cartografia euclidiana tem suas finalidades específicas e é bastante útil para diversos objetivos. Mas acreditamos que o desenvolvimento social, em uma perspectiva crítica e consciente, no que concerne à escola pública, tão esfacelada, demanda entendimentos que ultrapassem o caráter lógico, numérico, preciso do ensino de mapas.

Há de se ter maior conjugação entre uma Cartografia Escolar geográfica e as transformações do mundo moderno com uma inteligibilidade espacial que agregue, amplie e contribua para um ensino de Geografia mais condizente com a realidade cotidiana dos sujeitos escolares. Que os fenômenos socioespaciais sejam compreensíveis com uma maior flexibilização dos métodos cartográficos, criando opções e alternativas para o novo, para uma contribuição teórica efetiva de nosso livro para o ensino da disciplina geográfica.

Os novos tempos demandam análises espaciais associadas às inovações que, em uma Geografia científica e escolar que se transforma, em conceituações cotidianas e científicas, em seus diferentes métodos pedagógicos, associando referências espaciais que superem as distâncias e métricas euclidianas, abre-se um caminho para uma real significação do vivido, dos problemas pertinentes à complexa vida de nossos professores e alunos. E tal espaço é o geográfico, condicionado ao social, inserido em uma metodologia diferenciada, tendo a cartografia como uma linguagem visual e comunicativa.

4. O ENSINO E APRENDIZAGEM EM CARTOGRAFIA NAS AULAS DE GEOGRAFIA: DESAFIOS PARA UMA TRANSFORMAÇÃO QUALITATIVA

A cartografia é um excelente instrumento de comunicação que pode facilitar muito a vida das pessoas, de acordo com os objetivos que você se propõe na leitura e interpretação de um mapa. Perguntas devem ser feitas aos mapas e muitas delas não poderão ser respondidas, pois, a depender do mapa e da informação que procura, seus questionamentos não correspondem as informações contidas naquele mapa. Como exemplo, podemos citar um mapa que não apresenta paralelos e meridianos. Para saber e perguntar sobre coordenadas geográficas, ele não seria uma base cartográfica ideal para isso. Mesmo que você saiba fazer os cálculos necessários, não conseguirá, pois os dados não estão alocados no mapa.

Para Sampaio e Menezes (2005, p. 13251), ensinar cartografia, ou seja, o trabalho com mapas, é importante:

> para o geógrafo, seja durante seu aprendizado, no curso de graduação de Licenciatura em Geografia, seja para transmitir os conhecimentos dos assuntos de Cartografia, dentro da matéria Geografia, para os alunos do Ensino Fundamental e do Ensino Médio, pois esta matéria, é ministrada em todas as séries destes segmentos, e seja na pesquisa, uma vez que, ao se estudar qualquer dos assuntos da ciência da Geografia, o conhecimento cartográfico e o uso de mapas são, normalmente, usados como base na pesquisa, ou seja, é evidente a estreita ligação entra estas duas ciências: Cartografia e Geografia.

Dependendo da sua idade leitor, provavelmente você já teve um professor de Geografia que apresentou um mapa – daqueles rodoviários que eram vendidos em esquinas de avenidas das grandes cidades – fixado num prego bem acima da lousa. Com esse mapa, o professor passava uma série de temáticas e conteúdos, muito além daquilo que o próprio mapa se propunha, ou seja, mostrar a rede rodoviária.

Isso foi muito difundido Brasil afora nas aulas de Geografia, principalmente da rede pública de ensino. O mapa, como texto não verbal e verbal, ou seja, um formato híbrido, sempre foi colocado como um recurso didático que não necessitava tanto de seleção e escolha, assim como o texto verbal. Não seria estranho você propor uma temática que versa sobre a urbanização brasileira e propor um texto verbal que fala sobre a geomorfologia ou qualquer outro assunto? Certamente que sim.

Os motivos para isso acontecer eram os mais variados. Mas geralmente a alegação era a falta de recursos da escola ou mesmo indisponibilidade de material, num mundo do passado que não coexistia com uma internet como temos hoje. Entretanto, mesmo com toda a inovação das tecnologias, muitas vezes o professor não tem condições de imprimir. Ou mesmo a escola não tem internet, dentre outros motivos.

Não consideramos que todas essas alegações não sejam justificativas plausíveis, mas pensamos além disso, justamente nas formas como o mapa é trabalhado nas aulas de Geografia. A cartografia universitária tem seus elementos ligados à sua face mais convencional, ou seja, a euclidiana, que se baseia na matemática.

Muitos estudantes ingressam numa faculdade de Geografia em departamentos ligados às Ciências Humanas ou mesmo Ciências da Natureza. Não são locais que exploram as ciências exatas com tanta ênfase, desencorajando o ensino da cartografia, considerada como uma única possibilidade.

Portanto, temos uma só cartografia ensinada nos cursos superiores, inclusive nas licenciaturas, ou seja, a de viés matemático. Segundo Sampaio e Menezes (2005) observa-se na comunidade dos geógrafos dificuldades de se trabalhar com assuntos ligados à cartografia, tanto no ensino como na pesquisa.

Essas dificuldades podem ser elencadas em três principais aspectos: 1) De aprendizado do graduando em cartografia nas licenciaturas; 2) Dificuldade, por vários motivos do egresso dos cursos de licenciatura em ensinar cartografia nas aulas de Geografia da rede básica; 3) Do professor de Geografia do ensino básico em participar de eventos acadêmicos para se atualizar, principalmente por falta de tempo e recursos. Adiciono aqui uma carência também de cursos de formação continuada oferecida pelas redes públicas em cartografia na Geografia.

Sampaio e Menezes (2005, p. 13252) ouviram relatos de diversos participantes de congressos recentes sobre o ensino de Geografia e de cartografia e tiveram as seguintes opiniões:

a. Tive muito pouco tempo de cartografia em meu curso;

b. Não pensava que tinha matemática;

c. Estávamos sendo formados em Licenciatura, mas quem dava aula para nós, em cartografia, era um bacharel;

d. O professor que ensinava cartografia não era habilitado;

e. Tem professores de outras habilidades, como Matemática e Biologia, que dão aula de Geografia em escolas de Ensino Fundamental e Ensino Médio;

f. Para ensinar assuntos de cartografia, na matéria de Geografia, nas escolas de Ensino Fundamental e Ensino Médio, o professor tem que ter sensibilidade, iniciativa, dedicação etc.;

g. É tanta matéria para ensinar, na Geografia do Ensino Fundamental e do Ensino Médio, que a gente tem que andar rápido com os assuntos. Até os de cartografia. Fazer prática é quase impossível;

h. As escolas de Ensino Fundamental e Ensino Médio, normalmente, não têm material;

i. Trabalhos de pesquisa não chegam nas escolas do Ensino Fundamental e Ensino Médio.

Esses são alguns aspectos das dificuldades de se trabalhar cartografia nas aulas de Geografia, oriundos da formação inicial do professor. Como prática e experiência que tenho na educação superior e básica, posso afirmar que a maior dificuldade está alocada no engessamento metodológico do ensino da cartografia, traduzida exclusivamente numa opção matemática e sem uma abertura maior para novos caminhos metodológicos no ensino dos e nos mapas.

Portanto, segundo Sampaio e Menezes (2005) as dificuldades docentes no ensino de cartografia na educação básica estão condicionadas às deficiências do próprio conteúdo cartográfico na formação inicial na Universidade, certo medo em relação à matemática, uma desmotivação perante outros assuntos da Geografia que demandam tanto a utilização de instrumentos técnicos e tecnológicos, a falta de material e até mesmo a questão da remuneração baixa do professor, que desestimula um trabalho mais consistente em sala de aula.

Para Girardi (2003), as dificuldades nos geógrafos em trabalhar, entender e lidar com mapas acarreta distorções no seu uso tanto como etapa metodológica, no ensino, ou como meio de comunicação de resultado de pesquisa.

Outra questão importante é entender o que realmente é um mapa, a partir de concepções mais atuais sobre seu papel junto à sociedade e às novas formas de tecnologias da informação. Temos um problema instalado no engessamento da concepção de mapa a partir de preceitos que se estendem pelo menos desde as décadas de 1970 e 1980, com a Geografia Clássica brasileira aqui em nosso caso, seja no ensino ou mesmo na pesquisa.

O ensino e aprendizagem em Geografia se tornou tão naturalizado e, vamos dizer, um tanto mecânico, que o mapa se tornou um instrumento para se trabalhar os conteúdos. Mas muitas vezes não se entende o que é um mapa, ou seja, o ensino do mapa, para, então, ensinar através dele.

4.1 MAS AFINAL, O QUE É O MAPA?

Quando você é perguntado sobre o que é um mapa, qual a resposta que normalmente recebe? Possivelmente a resposta será uma representação gráfica de um espaço real, em uma superfície plana, como um papel ou uma tela de computador ou qualquer coisa nesse sentido. Mas será que é somente uma representação da realidade?

Temos outro problema quando é dito que, necessariamente para ser um mapa, ele precisa ter obrigatoriamente título, orientação, legenda, escala e projeção cartográfica. Essa condição naturalizada e enrijecida empobrece muito o debate sobre a cartografia. Considerarmos o mapa como mapa somente através de cinco elementos é negar uma série de informações aos nossos estudantes sobre as potencialidades analógicas que ainda temos – e muitos não conhecem – mostrando a complexidade dos mapas além de uma mera representação de fatos.

A cartografia, como ciência que trabalha com o espectro espacial, não só na Geografia, mas em várias áreas do conhecimento[10], se mostra historicamente segundo um movimento dúbio: como especialização técnica e como uma formalização geométrica referenciada como uma cartografia matemática (FONSECA, 2007).

Segundo Matias (1996), podemos considerar a existência de uma dupla cartografia, uma como instrumento de expressão dos resultados obtidos pela Geografia (linguagem) e a outra como disciplina técnica voltada para a espacialização dos fenômenos, não necessariamente geográficos.

Tal autor encara os mapas como geográficos somente aqueles que apresentam relações cujo conhecimento do espaço supõe a análise geográfica de diversos setores. Portanto, o mapa é um instrumento de acesso (representação) ao estudo do documento geográfico propriamente dito, o terreno, não podendo ser confundido com este último. Com isso, Matias (1996, p. 76) entende a linguagem a partir de uma função do "estar" no lugar de outra coisa, representando uma realidade diferente.

> A representação pode ser entendida como um conceito filosófico que identifica um processo pelo qual uma determinada linguagem procede à substituição de um elemento, permitindo com isso a transmissão do conteúdo significativo desse mesmo elemento para um outro lugar que não aquele de origem.

Para termos um mapa, há alguns elementos indispensáveis para que ele seja mapa, sendo o contexto de sua produção totalmente significativo para sua existência. Assim como o texto

---

10 "Fica claro que existe Cartografia não-Geográfica (geológica, histórica, econômica, biológica etc.) e que uma Cartografia em si não se sustenta teoricamente, pois informação cartográfica é a fusão com a 'natureza' da informação cartografada" (FONSECA, 2004, p. 85).

verbal, a análise dos contextos de produção dos mapas é de suma importância para entendê-lo assim, compreendendo suas mensagens e os objetivos alocados nele. Dessa forma, o mapa é mais do que representações e um conjunto de cinco elementos: ele é uma linguagem.

O contexto é importante para identificarmos informações além daquilo que está exposto no mapa, ou seja, ir além daqueles fenômenos mostrados. Um texto verbal tem um autor e isso influencia muito nossa disposição de lê-lo, pois com essa informação sabemos que, por exemplo, em uma temática política, sabendo quem escreveu, é possível a partir de seu contexto, antever se o conteúdo será de determinada ideologia (esquerda, direita, liberal etc.), mesmo estando na grande área que é a política. E isso, com os mapas mais tradicionais (convencionais), não é percebido tanto.

Já nos referimos anteriormente que geralmente o professor utiliza o mapa que está à mão para ensinar geopolítica, por exemplo, não se importando com o contexto do mapa, seu fundo e sua linguagem (simbólico). No texto verbal geralmente isso não ocorre. Segundo Fonseca (2007, p. 100-101):

> Ao se admitir a condição de linguagem do mapa deve-se estar atento às peculiaridades dessa sua condição, o que fica visível se a compararmos, por exemplo, com a linguagem escrita. Uma peculiaridade a ser destacada refere-se a como se dá a questão da autorreferência. A autorreferência é consequência da participação das representações na vida real. Elas podem se incorporar ao referente exterior de tal modo que eles ficam mascarados. Se pensarmos em relação aos mapas, seria a situação pela qual os nomes e os símbolos reproduzidos sobre o mapa não representam mais simplesmente os dados empíricos físico-naturais ou antrópicos, mas formam, por sua autonomização lógica e semântica, outras significações capazes de influenciar a concepção que o autor faz dos lugares submetidos a seu controle cognitivo.

Entretanto, isso não ocorre só com a linguagem cartográfica, mas também com a escrita. A autorreferência das linguagens verbais é praticamente a do contexto cultural. A dos mapas não, visto pela lógica euclidiana matemática, como ainda afirma a autora (2007, p. 101):

> Com o mapa, o contexto autorreferente que ele forma é restrito, o que compromete sua acessibilidade, e por mais atração que os mapas exercem eles acabam sendo pouco utilizados. O resultado é que a imensa maioria de nossos contemporâneos não utilizou jamais um mapa, embora as condições contemporâneas de vida pudessem estimular esse uso, já que houve aumento das mobilidades, aumento da capacidade de escolha de localizações etc. A autorreferência num contexto restrito acaba se transformando num obstáculo à flexibilização da Cartografia, visto que o "passado autorreferente" das convenções é muito visível e presente e atua como um constrangimento contra experimentos mais ousados.

Fonseca e Oliva (2008) afirmam que o conhecimento geográfico se consagrou tradicionalmente fazendo uso do verbo e da gráfica. Os mapas, encarados como linguagem e representação espacial, apresentam um caráter híbrido, apresentando imagens e palavras (textos) que muitas vezes confundem o entendimento do leitor, especialista ou não, devido às suas especificidades e complexidades inerentes ao estudo das simbologias/representações.

Harley (2005) vai encarar os mapas como textos, no mesmo sentido que o são outros sistemas de signos não verbais como os quadros, o teatro, o cinema, a música ou a televisão. Trata-se de uma linguagem gráfica que se deve decodificar, como construção da realidade, com imagens carregadas de intenções e consequências que podem se estudar nas sociedades, de acordo com suas especificidades históricas.

Como facilitador do entendimento sobre as representações do/no mapa, Lévy (2003, 2008) define o mapa como linguagem, um meio termo entre o simbólico – pintura abstrata, uma expressão matemática etc. – e o figurativo – a fotografia, o cinema – sendo oposto às linguagens sequenciais. Assim o mapa é simultaneamente analógico e simbólico, não verbal e não sequencial[11]. Dutenkefer (2010) encara então o mapa como uma linguagem não sequencial, alinhado às figuras – que são opostas aos discursos – e pertencem ao mundo das imagens com uma leitura global e instantânea[12].

Lévy (2003), a partir de uma linguagem analógica do espaço, afirma que o mapa deveria comportar: 1) instrumentos para identificação do espaço referente; 2) uma ou várias escalas cartográficas; 3) um princípio de transposição analógico de localizações de algum espaço para o mapa; 4) uma ou várias métricas; 5) um ou vários temas, ou seja, uma substância[13]; e 6) uma semiologia de representação gráfica (legenda) dos objetos que correspondem a esses temas e das relações entre esses objetos. Assim, Jacques Lévy[14] define basicamente os seguintes elementos da linguagem dos mapas:

---

11 "As linguagens não-verbais e não-sequenciais são justamente aquelas representadas pelas imagens espaciais" (FONSECA, 2004, p. 205).
12 É importante destacar uma ressalva: "A leitura instantânea (o ver) impõe uma concisão da mensagem e leva ao risco de se ter deslizamentos de sentidos, pela falta de apoios sistemáticos que comporiam um contexto autorreferente mais largo, como o que dispõe a língua escrita, por exemplo. [...] O recurso às generalizações cartográficas é legítimo porque contribui para que se concentre o olhar do leitor sobre o essencial, mas, se vai muito longe nessa direção, a ponto de se ir chegando a figuras geométricas muito simples, de significações culturais fortes, pode-se criar novas interferências e efeitos indesejáveis" (Idem, p. 234).
13 Segundo Prado (2000), substância, na metafísica tradicional e moderna, corresponde à essência necessária. Tal autor coloca essa ideia através das proposições de Leibniz, sendo a substância o sujeito, ontologicamente falando, que não depende de nada e subsiste independentemente de seus atributos. Complementando isso, Lévy (2003) encara substância como o componente não espacial de uma configuração espacial.
14 A análise sobre a linguagem cartográfica a seguir é fruto da obra de Lévy como um todo, mas principalmente em suas elaborações que aparecem, por exemplo, em sua obra *Le tournant géographique: penser l´espace pour lire le monde*, de 1999.

Linguagem Cartográfica

Elementos indispensáveis do mapa	Função e posição
Escala	Contexto, redução da área (fundo do mapa)
Projeção	Contexto, controle de deformações (fundo do mapa)
Métrica	Contexto, definição de áreas (fundo do mapa)
Simbólico	Informações projetadas no fundo

Fonte: FONSECA (2004, p. 239)

Nesse sentido, há regras comuns a todos os mapas que devem ser respeitadas. São quatro os elementos característicos fundamentais da linguagem cartográfica. Cada um desses elementos comporta algumas escolhas internas. Os três primeiros elementos concernem ao fundo do mapa, que é um mapa de base que dá as informações contextuais julgadas úteis para esclarecer uma situação, como, por exemplo, um contorno de uma dada localidade. O quarto elemento refere-se às informações projetadas sobre o fundo, ou seja, a linguagem cartográfica propriamente dita (FONSECA, 2004).

A partir desses entendimentos sobre o mapa como linguagem, encontramos uma síntese conceitual deste instrumento analítico da Geografia, segundo Cauvin, Escobar e Serradj (2007, p. 58):

> Um mapa é uma representação geométrica, convencional de uma parte da superfície terrestre ou qualquer outro planeta, ou seja, uma representação em posições relativas, de fenômenos concretos ou abstratos, localizáveis no espaço, caracterizado por atributos espaciais e não espaciais; é um modelo conceitual de um espaço dado, implicando uma redução (expresso por uma escala), uma simplificação, uma generalização deste espaço. É igualmente um modelo

icônico, recorrendo a sinais, códigos numéricos, visuais, sonoros, táteis. Esta representação se efetua sobre um apoio, frequentemente plano, permanente (sobre papel, por exemplo), temporário ou mesmo virtual (ecrã), sob uma forma ou outra (planos, modelos tridimensionais, globos...), concebido em um momento dado do tempo, num contexto histórico, societal. É estabelecido por um (ou dois) objetivo(s) preciso(s), a fim de apresentar ou transmitir informações em função do utilizador, exprimindo (explicitamente ou não), revelando as relações espaciais entre os elementos, as variações dos fenômenos no tempo bem como os seus movimentos, os seus deslocamentos. Necessita de escolhas que implicam necessariamente a integração consciente ou não da subjetividade do seu autor, o mapa é, em seu processo assim como no seu resultado, a projeção, a materialização de um esquema mental sobre um apoio qualquer que seja.

Portanto, o mapa ganha *status* também de linguagem imprescindível na realização das atividades escolares, como também foi inserido no Plano Pedagógico de Curso (PPC)[15] dos cursos de formação de professores de Geografia em muitas instituições públicas de ensino superior, sendo interpretado como um importante colaborador no processo de ensino-aprendizagem dessa ciência e ampliando a sua participação no desenvolvimento dos conhecimentos geográficos (ALMEIDA & PASSINI, 2010; GIRARDI, 2003).

---

15 Alguns autores utilizaram em períodos anteriores o termo grade curricular, quando ainda estava em uso.

Entretanto, falar em linguagem cartográfica pressupõe inúmeras variáveis, tais como as relações entre forma e conteúdo na apreensão do fenômeno espacial geográfico, a discussão sobre a escala – relacionada com as métricas utilizadas nas distâncias cartográficas e geográficas, além da própria epistemologia e mesmo da ontologia do espaço referido (absoluto e/ou relativo).

Simião (2011) afirma então que a cartografia utilizada como linguagem pressupõe uma forma de representação gráfica que apresenta a transmissão de informações instantaneamente, tendo uma gramática própria, não admitindo ambiguidades, com potencial de transmissão visual de conhecimentos nas aulas de Geografia, como facilitadora de aquisição dos conhecimentos geocartográficos.

O mapa representa entendimentos, mas não só: ele os constrói, assim como a linguagem. Sem a existência desta, as coisas não existiriam. O que seria da visão de mundo consolidada e cristalizada como é criada pelo mapa de planisfério, por exemplo, se não existisse tal mapa? Sem ele, haveria possibilidades de se pensar o mundo em cinco continentes da forma que imaginamos a partir desse mapa? Certamente que não.

Para entender melhor, observe os mapas abaixo:

CAPÍTULO 4 61

Figura 3: Mapa-múndi: projeção de Mercator[16]

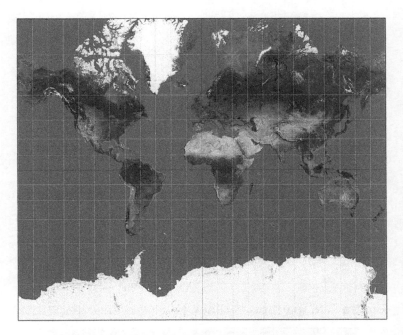

Fonte: https://commons.wikimedia.org/wiki/File:Mercator_projection_SW.jpg
Acesso em 02 dez. 2022

---

16 Gerardo Mercator, nascido em 1512, foi um matemático, geógrafo e cartógrafo belga que criou a projeção mais utilizada e naturalizada do mundo: a projeção de Mercator.

Figura 4: Mapa-múndi: projeção de Buckminster Fuller[17]

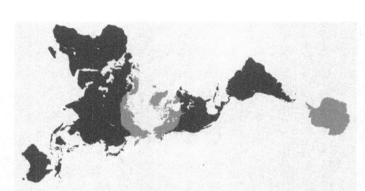

Fonte: https://www.pngegg.com/pt/png-nigvf. Acesso em 2 dex. 2022

Figura 5: Mapa-múndi: Claes Janszoon Visscher[18] (1652)

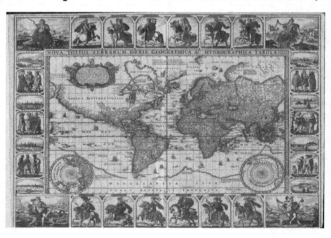

---

17 Richard Buckminster Fuller, nascido em 1895, foi um designer, arquiteto e inventor estadunidense.
18 Claes Janszoon Visscher, nascido em 1587, foi um desenhista, gravador, cartógrafo e editor holandês da Era de Ouro. Ele foi o fundador do bem-sucedido negócio de cartografia da família Visscher.

É por meio dos mapas que as lógicas geográficas passam a ter existência, que por sua vez são submetidas a elas. O mapa assim representa o espaço e também é outro espaço. O mundo real não é o mapa do planisfério, mas cria uma visão da realidade a partir dessa lógica espacial dele, um reflexo dessa realidade, uma visão de mundo.

É sabido e um tanto óbvio que não conseguimos ver o mundo de uma forma total, pois nós, como seres humanos, somos muito menores que o planeta Terra. Isso só é possível através dos mapas e, na contemporaneidade, com as imagens de satélite. Os três mapas apresentados representam o mesmo mundo, só que de maneiras diferentes. Na figura 3, vemos a visão de mundo mais tradicional e naturalizada de todas: a Europa centralizada, pois na época dessa projeção, tal continente concentrava os impérios, tais como Inglaterra, Espanha e Portugal.

Na figura 4 temos um mapa que mostra o mundo numa perspectiva diferente. Se observarmos os dois mapas, um deles será estranho ao nosso olhar, pois um deles foi naturalizado como uma visão de mundo mais dominante e usual. Na figura 5, temos um mapa de 1652 utilizando uma projeção que representa o planisfério de uma maneira muito semelhante aos dias de hoje. Agora podemos questionar: o mundo não mudou até então? As projeções de 1652 não eram para dar conta de representações do mundo daquela época? Por que continuamos a reproduzir estratégias cartográficas de séculos atrás num mundo da tecnologia e informações que temos atualmente? Isso é por acaso? Certamente que não.

Com os fusos horários não foi diferente. Sabemos que o mundo está dividido em horas diferenciadas, devido aos movimentos de translação e rotação da Terra, justamente pelo planeta ser circular.

Figura 6: Fusos Horários do Mundo

Acesse o QR code (Figura 6 – mapa dos fusos horários no mundo) para melhor entendimento.

Acesse também pelo link:

https://commons.m.wikimedia.org/wiki/File:World_Time_Zones_Map.png

Os fusos horários foram instituídos em 1884, determinando o fuso 0°, ou meridiano inicial, passando exatamente por um dos símbolos da Revolução Industrial inglesa, o Big Ben. Nota-se que o fuso passa por um relógio que simboliza bem os novos meios de produção capitalista, agora o industrial, num país que era naquele momento uma grande potência. Com isso, podemos afirmar que nada é por acaso.

Os mapas são construídos com interesses que perpassam muito mais que suas questões gráficas e dos fenômenos representados. O contexto do mapa, assim como do texto verbal, é fundamental para entendermos a cartografia muito mais além de sua face euclidiana matemática. Até agora podemos perceber que os mapas vão além daqueles cinco elementos que todos acham que está correto, que, sem eles, não é um mapa. Contudo, pensar o mapa como uma linguagem requer outras possibilidades e elementos para entendê-lo um pouco mais a fundo.

As linguagens identificam objetos já existentes, mas não só isso: elas produzem o mundo. E isso acontece justamente com os mapas. Para entender melhor essa "nova" ideia do que é um mapa, analisaremos seus elementos constituintes: escala, projeção, métrica e o simbólico (linguagem cartográfica).

Antes disso, é importante falar sobre a naturalização do fundo de mapa. Uma projeção de Mercator – aquela que a Europa está no centro – está tão naturalizada no mundo editorial em geral que qualquer outro formato de mapa soa estranho. Os mapas não são criados por autores de livros didáticos, por exemplo, mas pela editoração, através de softwares, que geralmente utilizam o padrão da geometria euclidiana. Não são cartógrafos e sim profissionais da informática (FONSECA e OLIVA, 2013).

Sendo assim, quem escolhe os fundos de mapa são os editores das obras didáticas e não seus autores. Isso se justifica também por inúmeros fatores tais como a aceitação dos mapas como mapas conhecidos, com fundo de mapa familiares. Qualquer projeção que não apresente a Europa ao centro causa estranhamento nos leitores, visto sua naturalização junto à sociedade.

Outro motivo seria o engessamento de editais como o PNLD (Programa Nacional do Livro Didático), que estabelecem regras rígidas aos mapas que deverão estar presentes nas obras, ou seja, mapas euclidianos que deverão ter, por exemplo, as linhas imaginárias em todos os mapas, mesmo estas não sendo utilizadas para a localização.

Para Fonseca e Oliva (2013), o fundo de mapa não é alvo de atenção de uma maneira suficiente, sendo visto como algo neutro, ou seja, "ele é como tem que ser" e o mais importante: ele não é percebido como uma função comunicante, dissociado pela linguagem que sobrepõe esse fundo de mapa. De uma forma prática para entendimento, o mapa seria somente o simbólico que está contido nele, dissociado de sua métrica, projeção e escala.

Para os autores, o mapa é um todo comunicante. É necessário discutir seus efeitos comunicativos, pois boa parte das imagens dominantes do mundo foi construída pela adoção de um fundo de mapa específico, com o euclidianismo e a centralidade da Europa.

4.1.1 A métrica

Quando utilizamos o GPS, queremos chegar de um determinado local para outro. Consultando o app, que geralmente pode ser o *Google Maps* ou *Waze*, ele nos dará um caminho mais rápido entre esses dois pontos. Como é feito isso? Você dá mais atenção às medidas espaciais (geralmente em quilômetros) ou pelo tempo?

Se tivermos 10 km a percorrer em uma grande cidade, que apresenta um trânsito muitas vezes caótico, e a mesma distância numa estrada, entre duas cidades, o tempo desses mesmos trajetos seria o mesmo? Obviamente que não. Essa ideia da utilização de outra métrica – ou de diversas dela – poderia ser a mesma lógica da utilização de diferentes mapas para diversas finalidades.

De qualquer forma, o espaço é indissociável de um sistema de medidas, baseado numa métrica. Entretanto, nem sempre foi assim. Antes da invenção do relógio, do nosso calendário, das medidas que conhecemos hoje, o ser humano já tinha que medir seus espaços ou mesmo quantificar seu tempo. Isso é inerente a nós. Para medição na antiguidade, nós éramos a referência, ou seja, nosso corpo. Era usado como padrões determinadas partes do corpo como a polegada, o pé, a jarda (comprimento entre nossa cabeça e nossa mão com o braço esticado) ou o passo, dentre outros.

E como se chegou à medida que temos hoje? Simplesmente uma convenção do que deveria ser o metro nas medidas que hoje conhecemos. A Convenção do Metro foi assinada em 1875 na Conferência Diplomática do Metro, na França, no qual uma barra de platina iridiada em formato de X foi estabelecida como a medida de um metro e, posteriormente, sendo distribuída a diferentes países. Assim, o comprimento desta barra a 0 ºC era equivalente a um metro.

CAPÍTULO 4   67

Sendo assim, temos que considerar a métrica como componente do espaço. Ela está tão normalizada na nossa vida que praticamente achamos que ela é a única, ou seja, a geometria euclidiana e o sistema métrico vigente. Para Fonseca e Oliva (2013, p. 74):

> É relevante notar o papel da cartografia nessa história. Ela não só incorporou a geometria euclidiana e o sistema métrico na constituição de seu próprio espaço (o espaço cartográfico), como participou da naturalização dessas medidas e ajudou a universalizar o euclidianismo. Mas a transição de outras medidas construídas por outras sociedades para o euclidianismo, por meio da cartografia, não foi tão óbvia e sem conflitos.

Um exemplo de formas diferentes de se medir o espaço, ou seja, entre formas diferentes de espaço, foi na França da década de 1780.

Figura 7: Carta de Cassini: Besançon-Planoise.
França (1780)

Para exemplificar com um mapa, acesse o QR code para visualizar figura 7.

Acesse também pelo link:

https://commons.m.wikimedia.org/wiki/File:Besancon-Planoise_Cassini_map.jpg?uselang=pt-br

Na figura 7 temos um dos mapas feitos pela família Cassini[19] que não tem um objetivo específico de localizar com precisão as habitações ou limites dos pântanos e florestas. Isso contrariou a sociedade francesa de até então, que demandava marcações e verificações de posições para a medição da extensão dos terrenos. Sendo assim, Fonseca e Oliva (2013) vão dizer que as formas de medida dos mapas de Cassini não serviam para o cotidiano das comunidades, que demandavam outras medidas, outras formas de apreensão do espaço.

Portanto, os mapas de Cassini perderam sua importância para determinadas funções impostas aos mapas de até então, exemplificando uma intensificação de uma transição para um padrão euclidiano e sua geometria (e o espaço que dela surge). Pensar em métricas diferentes destas (como, por exemplo, medidas de tempo, de custo etc.) se tornam extravagantes e subversivas, mesmo que a realidade assim as exija.

As novas realidades são mais complexas, com novos meios de comunicações e transportes, além da pujança capitalista sempre em ascensão. Assim as distâncias espaciais e seus significados não são (deveriam ser) mais apreensíveis pela métrica euclidiana, mas sim por outras. O espaço geográfico não deve coincidir todo o momento com o espaço euclidiano.

Mas o que é o espaço euclidiano? Fonseca e Oliva (2013) explicam que ele foi concebido segundo a geometria de Euclides, nascido na Sicília (450 – 380 a.C.). É uma concepção de espaço onde se supõe a continuidade (não contém lacunas), a contiguidade (não contém rupturas) e principalmente a uniformidade (métrica constante em todos os pontos).

---

19   Os Cassinis faziam parte de uma tradicional família de cartógrafos da França do século 18. O Mapa Cassini foi o primeiro mapa topográfico e geométrico feito do Reino da França como um todo.

É importante pensarmos que não existe uma geometria, mas sim muitas geometrias[20]. A própria matemática já superou esse paradigma euclidiano e já não é mais visto como uma única possibilidade de apreensão espacial, pois percebeu que a ciência não evolui de forma linear e logicamente organizada. Exemplos disso podem ser encontrados no surgimento dos números negativos, irracionais e imaginários.

Outro exemplo de métricas diferenciadas da euclidiana está no mapa de John Snow, numa tentativa de decifrar a lógica da expansão espacial da epidemia de cólera na Londres de 1854. Acompanhe o mapa a seguir:

---

20 Podemos citar como exemplos de geometrias a analítica, a descritiva, a esférica, a euclidiana, a não euclidiana, a fractal, a projetiva, a projeção ortogonal e a trigonometria.

Figura 8: Mapa de expansão da cólera em Londres (1854)

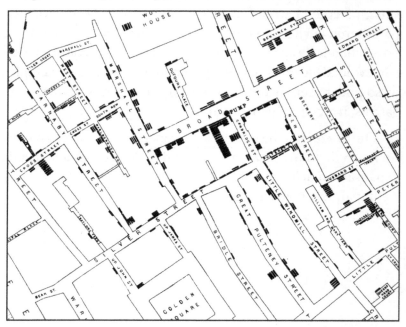

Fonte: https://commons.wikimedia.org/wiki/File:Snow-cholera-map-1.jpg. Acesso em 2 fev. 2023

Cada morte de pessoas foi representada pelos traços pretos, juntamente com os símbolos que representavam as bombas d'água (*pump*). O traçado das ruas foi preservado, sem muitos detalhes além das informações que eram mais importantes para o desvendamento do principal questionamento ao mapa: a cólera é transmitida pela água das bombas ou pelo ar? Onde temos mais mortes tratam-se das casas e ruas próximas às bombas, levando a crer que estas estão contaminadas?

Fazendo a medição euclidiana (medidas retas e contínuas), o resultado esperado não satisfazia Snow. Ele teria que medir essas distâncias de acordo com o trajeto a pé das pessoas, ou seja, o tempo que se dava da casa até a bomba. A maior quantidade de mortes estava na bomba da Broad Street. Mas verificando o trajeto, algumas casas estavam mais próximas da Broad Street em linha reta, mas verificando o caminho a pé, que abria seu caminho através dos becos tortuosos e ruas laterais do Soho, outra bomba se revelava mais próxima.

Esse é o típico caso no qual a cartografia, se não tiver uma métrica bem aplicada no fundo do mapa, pode mostrar informações equivocadas. Medir as distâncias em linha reta utilizando a métrica euclidiana não resolveu o problema de Snow. Mudando sua métrica para as distâncias temporais (quanto tempo se leva de determinada casa até determinada bomba), ele conseguiu resolver o enigma. O chamado mapa fantasma de Snow se tornou um marco de referência cartográfica para métricas que não são euclidianas.

O mapa do metrô de Londres criado por Harry Beck em 1932 se tornou um referencial para a maioria das linhas de metrô distribuídas pelo mundo. Ele não mostra distâncias em metros ou quilômetros, abrindo mão do fundo euclidiano.

Acesse o QR code para visualizar a figura do mapa do metrô de Londres

Acesse também pelo link:
https://en.m.wikipedia.org/wiki/File:Beck_Map_1933.jpg

Tal mapa dá destaque às linhas e nós (estações e entroncamentos) facilitando a visão dos usuários. Segundo Fonseca e Oliva (2013), a população que se perdia na lógica representada pelo mapa – a localização absoluta das estações – se reoperou facilitando a visualização de uma forma mais produtiva da nova representação. Fazia mais sentido na vida cotidiana das pessoas do que um mapa com as medidas certas entre as linhas e estações.

A métrica é pouco citada quando se fala em fundo de mapa. Geralmente são considerados somente a escala e a projeção. Como a métrica euclidiana é tão dominante e naturalizada, nos faz pensar que o espaço cartográfico não tem uma métrica. A questão é entendermos que a cartografia tem técnicas para se produzir mapas com diversas métricas. Um dos casos talvez mais conhecidos sejam as anamorfoses. Observe os dois mapas a seguir:

Figura 9: Mapa de fundo euclidiano com classes de população no mundo

Fonte: https://educa.ibge.gov.br/professores/educa-recursos/20815-anamorfose.html
Acesso em 3 fev. 2023

Figura 10: Anamorfose geográfica com classes de população no mundo

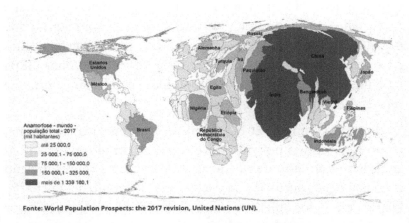

Fonte: https://educa.ibge.gov.br/professores/educa-recursos/20815-anamorfose.html
Acesso em 3 fev. 2023

As anamorfoses são formas de representação gráfica que privilegiam o visual e a informação pretendidos, utilizando de métricas diferenciadas – não euclidianas – no tratamento dos dados. Segundo Simião (2011), ela altera o fundo do mapa conforme o referencial desejado, com possibilidade de representação do espaço geográfico contemporâneo. Assim, Poncet (2010, *apud* SIMIÃO, 2011, p. 35) afirma:

> Verdadeiro e próprio pecado original do cartógrafo, o euclidianismo designa o fato de que o mapa não pode ser outro que uma representação plana do espaço, enquanto este último não está em um plano. O espaço da sociedade é um conjunto das relações tecidas das distâncias entre os componentes da sociedade [...] O único meio de representar o espaço geográfico em toda sua complexidade não euclidiana consiste em usar subterfúgios simbólicos e deformações, como se faz – a exemplo – com a ajuda das anamorfoses.

Sendo assim, as diferenças entre os mapas das figuras 9 e 10 está exatamente no foco da informação pretendida com suas representações. Com as anamorfoses, a informação é visual e instantânea, indo direto ao assunto de acordo com aquilo que o mapa se propõe, a população mundial. Modificar os limites e fronteiras dos países para trazer uma informação mais limpa e de melhor entendimento é uma lógica de reflexão sobre que métrica será utilizada para isso.

Portanto, Simião (2011) entende que a métrica euclidiana, como já discutida por nós, deve ser vista como uma das possibilidades, ao lado de outras métricas, para a representação do espaço geográfico, do qual a geometria euclidiana faz parte. Dependendo dos objetivos e finalidades da representação – por exemplo, um mapa de população – nas anamorfoses o referencial não será mais o terreno, mas a população.

Para Dutenkefer (2010) os mapas em anamorfose chocam o nosso olhar adestrado, familiarizado a representações naturalizadas, com o fundo do mapa convencional, euclidiano, onde as métricas são expressas em metros, quilômetros, hectares etc., onde a extensão do espaço geográfico representado dificulta a comunicação visual que todo mapa deveria proporcionar, limitando tendências espaciais relevantes, de fenômenos como o urbano, por exemplo.

Em um fundo euclidiano, tais representações "convencionais" nada evidenciam ou, quando evidenciam, é a extensão territorial pouco densa, rarefeita de objetos geográficos que dão sentido aos fenômenos propostos.

Portanto, é fundamental evidenciar fenômenos onde a densidade é essencial, pelos mapas, criando uma imagem na qual a razão entre a massa de uma substância localizada num espaço e a dimensão deste espaço sejam revelados (LÉVY, 2003). É justamente este o sentido da anamorfose. Ela cria imagens de densidades, sendo uma relação entre uma substância e uma extensão, dotada de uma escala e de uma métrica, variando-as num fundo de mapa, permitindo estabelecer uma métrica diferente da euclidiana, como afirma Lévy (2003, p. 74):

> A anamorfose permite sair da ditadura da 'superfície vazia'. Essa ditadura faz dos objetos geográficos mais importantes, entre os quais as cidades, ocuparem frequentemente um lugar muito limitado na carta por causa de sua densidade, que é justamente uma de suas características significativas. Tratando as superfícies de fundo de carta como entidades sensíveis às realidades a serem representadas, sai-se de um impasse. A extensão deixa de ser um componente intangível da carta e entra em diálogo com a temática escolhida.

Assim sendo, temos formas diferentes na construção da representação gráfica nas anamorfoses, privilegiando um conteúdo visual geográfico espacial que facilite a apreensão dos fenômenos pretendidos. Fonseca (2004) vai se referir como ponto teórico decisivo assumir que, nas anamorfoses, não se tratam de deformações, mas de uma construção, assim como o fundo euclidiano também o é.

Cauvin (1995) inclui as anamorfoses no grupo das transformações cartográficas espaciais, pois isso significa ir além da forma, modificando os traços exteriores que caracterizam um objeto. Portanto, a transformação cartográfica é uma operação que permite modificar o conjunto dos contornos do mapa, dando-lhes outra forma.

Com isso, Fonseca (2004) diz que o importante é resgatar nessa posição a abertura para a questão e assimilação da anamorfose como prática legítima das práticas cartográficas, a qual as resistências estão diminuindo. Os "mapas que fazem uso das anamorfoses devem ser [...] divulgados, uma vez que permitem dar resposta a problemas espaciais que têm permanecido sem solução" (FONSECA, 2004, p. 305).

Blin e Bord (1998 *apud* FONSECA, 2004, p. 238) apontam a importância das anamorfoses:

> Os mapas resultantes são espetaculares, vivos, e isso gera uma comunicação bem interessante, pois eles evidenciam, de forma significativa, tendências espaciais do fenômeno estudado, difíceis de serem expressas sobre o fundo euclidiano. Porém, identificam um inconveniente que é a dificuldade de ler e interpretar tais cartas. A reconstrução da forma em relação à forma euclidiana consagrada torna irreconhecível a área de origem. Logo, se não se tiver em mente o familiar contorno euclidiano, a reconstrução (a 'deformação') não será interpretada e aproveitada quanto aos significados novos que oferece.

As anamorfoses são uma das opções entre tantas na diversificação métrica do fundo do mapa. Estamos citando-as, pois elas são trabalhadas nos livros didáticos de muitas coleções de Geografia, muitas vezes superficialmente, mas já trazendo uma opção ao monopólio do fundo de mapa euclidiano. Para Fonseca e Oliva (2013), é necessária uma abertura para assimilação da anamorfose como prática legítima da cartografia, a flexibilizando para que ela expresse fenômenos espaciais mais recentes.

4.1.2 Projeção

Como já falamos anteriormente, a projeção de Mercator com a Europa centralizada é uma das mais usadas principalmente no Brasil, seja em recursos didáticos escolares, seja em plataformas de localização digitais e nos Atlas. Sabemos hoje que existem mais de 200 tipos de projeções, mas uma delas é preponderante, contribuindo para a naturalização da cartografia.

O grande desafio na construção de uma projeção é representar a Terra esférica num plano para que o mapa exista. Para Fonseca e Oliva (2013), nenhum tipo de projeção conserva, ao mesmo tempo, todas as propriedades geométricas do globo, pelo menos da geometria euclidiana.

A projeção de Mercator é muito funcional para a navegação e construída a muitos séculos atrás, sendo carregada de contextos ideológicos. Não se sabe se ele tinha consciência disso ou não, mas a verdade é que as distorções de sua projeção mostram um hemisfério norte bem maior do que é e a Europa no centro do mundo. De qualquer forma, Mercator produziu uma projeção que é naturalizada até hoje como um mapa, ou seja, a ideia que para ser um mapa tem que se ter essa concepção naturalizada de Mercator.

Figura 11: Mapa da extensão do Império Britânico (1886)

Um exemplo da força de sua projeção é apresentado no mapa que pode ser acessado pelo QR Code a seguir:

Acesse também pelo link:

https://viejosmapas.com/wp-content/uploads/2020/11/Extension_del_Imperio_Britanico_en_1886.jpg

Esse mapa traz algumas concepções artísticas juntamente com a projeção de Mercator ao fundo e centrado no meridiano de Greenwich. Ele é carregado de simbologias que representam o quão grande foi o poderio do império britânico de até então. É um marco na utilização e naturalização de tal projeção até os dias de hoje. Percebe-se uma infidelidade geométrica na otimização do tamanho dos países no hemisfério norte, causando uma falsa impressão da supremacia territorial em relação aos países do sul.

Uma projeção que "concorreu" com a de Mercator foi a de Gall-Peters, que restabeleceu a verdade sobre essa concorrência norte x sul, no aspecto territorial.

Figura 12: Planisfério na projeção de Gall-Peters

Acesse o QR Code para visualizar um exemplo da projeção de Gall-Peters:

Acesse também pelo link:

https://commons.m.wikimedia.org/wiki/File:Gall%E2%80%93Peters_projection_SW.jpg

Observe que os países do sul e do norte tem um maior equilíbrio entre suas extensões territoriais. Nesta polêmica Mercator *versus* Peters, foram discutidas proporções continentais, mas a questão da Europa centralizada continua. É verdade que essa confrontação de projeções chamou a atenção para a variação dos fundos de mapa, porém sem se desvencilhar do eurocentrismo. A naturalização dos mapas com a Europa ao centro é o grande problema da cartografia, principalmente a escolar.

Outro caso dessa naturalização é o caso do logotipo da ONU. Numa primeira versão (1945) os EUA tinham uma posição central. Em uma segunda versão e definitiva (1946), a Europa é colocada no centro do mapa. Isso mostra o quanto essa centralização eurocêntrica é um projeto de poder muito forte e planejada através da cartografia.

Essa dominância também é visível com a minimização do oceano Pacífico, mesmo ele sendo cinco vezes maior que o oceano Atlântico. Assim como a projeção de Mercator subestima o sul do planeta, a centragem europeia subestima o Pacífico, no qual possui muitos fluxos econômicos e sociais, principalmente entre os EUA, Japão e Coréia do Sul e mesmo da China com a América.

Para Fonseca e Oliva (2013) a projeção de um mapa sempre é centrada sobre um lugar, acarretando um ponto de vista, sendo fundamental mostrar os limites que cada projeção possui por definição, os seus recortes e o melhor uso de cada uma. A projeção de Buckminster Fuller tem esse objetivo de centralizar outros lugares, desconstruindo essa naturalização da centralização europeia nos mapas, quebrando a hierarquia norte-sul dos hemisférios, já bastante ultrapassada devido às questões multipolares mundiais e a própria globalização.

No mundo escolar se discute muito as projeções, mas sob um viés de suas estruturas de construção e suas deformações quantitativas. Quanto aos fenômenos geográficos representados e a pertinência da utilização de uma ou outra projeção, quase nada é trabalhado. Como dito, são mais de 200 possibilidades de projeções. E, ao final, uma ou duas são trabalhadas. Sendo assim, Fonseca e Oliva (2013, p. 94) fazem a seguinte observação:

> O trabalho que realmente é significativo no ambiente escolar é o de refletir sobre a visualização dos fenômenos que

cada projeção proporciona. [...] escolher projeções adequadas para cada tipo de fenômeno que se quer representar, [...] saber avaliar (e criticar) as escolhas feitas em mapas já existentes que se apresentam à nossa observação.

As deformações quantitativas têm sido estudadas na cartografia. Um exemplo disso é a indicatriz de deformação de Tissot[21], que nada mais é que um artifício matemático geométrico que resulta da projeção de um círculo de um modelo geométrico curvo, como um globo, em um mapa. Como a distorção não é igual ao longo de todo mapa, os indicadores são colocados para ilustrar a mudança espacial na distorção.

Figura 13: Planisfério (projeção de Mercator) e a Indicatriz de deformação de Tissot

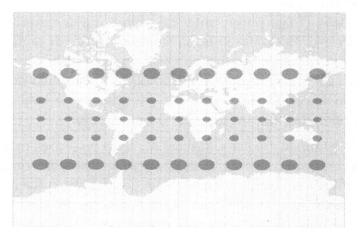

Fonte: https://commons.wikimedia.org/wiki/File:Tissot_indicatrix_world_map_Mercator_proj.svg acesso em 02 mar. 2023

---

21 Nicolas Auguste Tissot foi um matemático francês do século XIX.

Figura 14: Planisfério (projeção de Gall-Peters) e a Indicatriz de deformação de Tissot

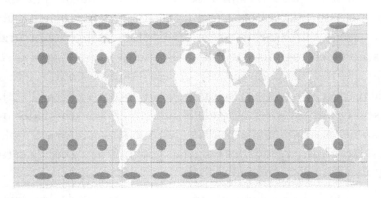

Fonte: https://commons.wikimedia.org/wiki/File:Tissot_indicatrix_world_map_Gall-Peters_equal-area_proj.svg Acesso em 02 mar. 2023

Observando as duas projeções nas figuras 13 e 14, podemos perceber um maior achatamento das elipses na projeção Gall-Peters do que na de Mercator. Podemos perceber também a manutenção das medidas territoriais mais acentuadas na Gall-Peters do que na de Mercator entre latitudes médias e baixas. Portanto, a indicatriz de Tissot se torna um instrumento interessante para percepção das deformações em diferentes projeções, desocultando para o usuário do mapa informações que até então não eram tão perceptíveis.

Em tempos de aquecimento global, distorções muito acentuadas nos polos podem ser de difícil interpretação, visto que eles se alongam tanto – principalmente em Mercator – causando uma impressão de que não há o derretimento das geleiras. Isso é preocupante, pois tais distorções podem estimular grupos negacionistas que acreditam que o aquecimento global não existe. Ou mesmo que a Terra é plana.

4.1.3 A escala cartográfica

Dentre aqueles 5 elementos que citamos inicialmente sobre o que é um mapa (legenda, escala, título, fonte, orientação e projeção), talvez a escala seja o mais emblemático da naturalização da cartografia euclidiana. Primeiro é importante destacar que a escala pode ser relacionada a outros sentidos e não é de uso exclusivo da cartografia. Para Fonseca e Oliva (2013), a escala pode estar relacionada a tamanho entre realidades que não necessariamente espaciais (como o tempo, por exemplo), a relação entre realidades espaciais geográficas e a escala cartográfica propriamente dita.

Nesta última, refere-se a uma relação controlada de redução entre o terreno e o mapa, como por exemplo: cada centímetro numa linha traçada sobre o mapa representaria 10.000 centímetros no terreno, ou 100 metros. Mas o que não podemos esquecer é que a escala cartográfica está se referindo ao fundo do mapa para, em primeiro lugar, se relacionar com as projeções cartográficas. A apreensão geométrica da superfície terrestre tem que vir depois disso. Fonseca (2012, p. 182) explica melhor isso:

> Parece complicado, mas o complicado é estabelecer relação direta entre o mapa e sua escala com a superfície terrestre, o que ocorre sistematicamente na geografia escolar quando se insiste, por costume, nos exercícios de transferência e correspondência de medidas do mapa para a realidade da superfície terrestre na escala mundial. A escala cartográfica é uma relação geométrica entre duas realidades de tamanhos e formatos (curvas e planos) diferentes.

Na prática, o professor de Geografia que trabalha com aquela conhecida fórmula de cálculo de escala (E=d/D, sendo d = dimensões no mapa e D = dimensões do terreno) e de transformação de escala numérica em escala gráfica, não está desenvolvendo a contento um entendimento qualitativo das questões geográficas e cartográficas presentes no mapa; e nem mesmo um entendimento quantitativo, do ponto de vista geométrico, principalmente em pequenas escalas como num mapa-múndi. Para entender melhor, vamos observar o mapa abaixo:

Figura 15: Medidas e escalas diferenciadas num mesmo mapa em uma projeção equidistante

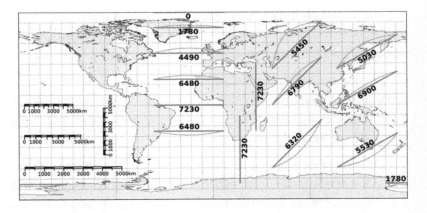

Fonte: https://periodicos.ufes.br/geografares/article/view/3192/2402 pág. 184 Acesso em 17 mar. 2023

Podemos observar no mapa que as escalas e distâncias são diferenciadas. E o termo equidistante significa distâncias iguais! Os paralelos apresentam distâncias diferentes e os meridianos iguais. Assim explica Fonseca (2012, p. 183):

> Obviamente não há uma escala gráfica única para esse mapa que possa ser indicada fora dele, sem posicionar sobre o segmento onde ela seria válida. Indicar a escala gráfica como foi feito, também obriga a menção de várias escalas com a indicação localizacional de sua validade. Qualquer projeção terá suas variações, que não só não aparecem na Cartografia

Escolar, como ao contrário, se trata como se essas projeções não produzissem essa complexidade de resultados diferentes na extensão do mapa.

Ensinar qualquer temática através dos mapas, considerando que a escala é uma só em toda a projeção utilizada, é realmente estar equivocado na sua própria prática de ensino da Geografia. Se no mapa há deformações devido a representação de uma superfície não plana num plano, como já visto, como a escala de um mapa pode ser uma somente? Não é possível, principalmente na geometria euclidiana. Se aplicarmos a escala cartográfica para medir uma distância entre dois pontos num mapa, ou mesmo o equivalente desta distância no terreno, certamente teremos graves erros.

Portanto, a simples aplicação da fórmula E=d/D seria apenas uma questão matemática e não geográfica. É como saber aplicar a fórmula de Bhaskara, por exemplo, mas não saber para que ela serve, na verdade.

Outra questão são os recortes escalares para ensinar determinados fenômenos geográficos nas aulas de Geografia. Há uma naturalização recorrente, oriunda da Geografia Clássica, na qual boa parte dos mapas refere-se a regiões, à escala regional. Fonseca (2012, p. 185) explica:

> Esse recorte ainda é muito presente nos materiais didáticos de geografia. [...] E isso se harmoniza com a própria compartimentação dos conteúdos que corresponde a esse recorte escalar regional. Assim, num mapa de escala regional a cidade, que é uma realidade geográfica de escala local, ficará reduzida a um ponto. Ponto, esse cuja única função é localizacional. Mapas, que pretendem expressar as diversas realidades geográficas precisam de escalas também variadas, mais apropriadas às lógicas dos fenômenos. Algo que a naturalização da escala regional não contempla. A geografia se renova, mas ainda não podemos dizer o mesmo sobre as escalas apresentadas pelos mapas.

Essa questão do recorte escalar vai de encontro àquilo que já nos referimos anteriormente: a utilização de um mapa, sem seleção nenhuma, para trabalhar diversas temáticas, independente quais sejam as finalidades deste. Como exemplo, podemos citar uma temática relacionada à industrialização da região metropolitana de Recife mostrada num mapa com uma escala pequena, na qual os fenômenos inerentes às indústrias não aparecerão e estarão reduzidas a um ponto indicativo de sua localização. E somente isso.

Para Fonseca e Oliva (2013), há uma necessidade de se rever os mapas presentes em livros didáticos de Geografia, pois eles geralmente aparecem com recorte escalares pré-fixados, tais como os Atlas, mostrando mapas como do Brasil, Europa, Ásia, África, dentre outros para tratar quaisquer assuntos. Quanto aos recortes escalares de maior detalhe, como, por exemplo, das estruturas urbanas, são mais raros, sendo pouco frequentes nos livros didáticos.

Toda essa discussão é para preservarmos – ou mesmo resgatarmos – os fenômenos geográficos a partir da cartografia. Para Silveira (2006), a escala está precedendo a definição de lugar e do espaço, sendo o chamado *zoom*, que aplicamos sobre nosso objeto de estudo, é o que nos dirá o que são o lugar, o espaço geográfico e os atributos que enxergamos.

Segundo a autora, a medida de distância não é condição prévia da reflexão geográfica. E finalmente Haesbaert (2002) afirma que há uma necessidade de ultrapassar a definição de escala como mera delimitação física, cartográfica, de um espaço passível de ser matematicamente medido e entendê-la, sobretudo, como conteúdo.

Mostrar que as escalas são diversificadas de acordo com as estratégias metodológicas do ensino de Geografia na Cartografia

Escolar é urgente, traduzindo os recortes escalares não somente em função das distâncias matemáticas, mas desvendando as realidades inerentes a cada fenômeno geográfico.

4.1.4 O simbólico: a linguagem cartográfica

Após as considerações sobre o fundo de mapa, temos que discorrer um pouco sobre o simbólico colocado em tal fundo. A linguagem cartográfica trata das informações em si do mapa. Entretanto, é importante considerar que o fundo de mapa não é apenas um suporte do tema expresso pela linguagem gráfica, ou seja, ele faz parte do conjunto comunicativo do mapa segundo Fonseca e Oliva (2013). Portanto, o fundo do mapa é indissociável de sua linguagem gráfica.

Alguns autores falam em alfabeto cartográfico, ou seja, as informações visuais inseridas num mapa são implantadas através do ponto, da linha e da área. Esses três elementos seriam seu alfabeto. Quando aplicada ao mapa, eles se transformam em linguagem cartográfica. Quando temos que representar um rio, por exemplo, utilizamos linhas, sejam elas grossas, finas, compridas ou curtas. Essa forma de implantação denominamos linear.

No caso do ponto, a representação seria das cidades, por exemplo, num mapa de escala regional. Eles podem apresentar diferentes cores, tamanhos, formas e símbolos. O modo de implantação nesse caso é o pontual. No caso da área, a opção da linha e do ponto não seria ideal no caso para diferenciar diferentes tipos de lavoura, por exemplo. Pode-se no caso utilizar cores variadas ou mesmo texturas e hachuras diversas. O modo de implantação nesse caso é o zonal.

A linguagem cartográfica se diferencia da linguagem verbal, como dito anteriormente. A cartográfica é mais restrita sua circulação enquanto a verbal é compartilhada por grandes grupos sociais nas relações sociais cotidianas. Não utilizamos mapas a toda hora. Já as letras e suas combinações a todo o momento. Isso diferencia muito tais linguagens. Para Fonseca e Oliva (2013, p. 108):

> O caráter produzido ("artificial") da linguagem cartográfica resulta numa diversidade de modalidades. Se um grupo de cientistas faz mapas para a exposição de descobertas aos membros dessa comunidade, a linguagem cartográfica desenvolvida e praticada tende a ser muito própria; logo, distinta de outras existentes. O que de fato acontece, por isso temos linguagens cartográficas.

Dessa forma, segundo os autores supracitados teremos três classes:

A) Linguagem cartográfica convencional (ou baseada em convenções):

As informações aplicadas ao fundo de mapa são definidas por convenção por uma associação de cartógrafos. São os nossos mapas mais tradicionais, geralmente os do espaço euclidiano.

A legenda traduz verbalmente as convenções. São mapas que fazem mais sentido para os especialistas do que para os leigos e são chamados mapas para ler, ou seja, o usuário precisará de um tempo considerável para entender as informações ali existentes, com uma consulta constante da legenda. Exemplo: carta topográfica.

B) Linguagem cartográfica que codifica a percepção visual universal (a semiologia gráfica):

Elaboração do cartógrafo Jacques Bertin que codifica a percepção comum de todas as pessoas com a identificação das variáveis da imagem e variáveis de separação. É universal, sendo esperado que todas as pessoas entendem as informações geográficas do mapa visualmente e de forma instantânea, sendo considerados mapas para ver. Não é feito somente para especialistas e segue as regras da semiologia gráfica.

C) **Linguagem cartográfica aleatória, sem referências rigorosas e estáveis:**

São mapas no qual as informações são inseridas em seu fundo do mapa sem muitos critérios estáveis, tendo a legenda como componente fundamental para o entendimento das informações representadas. Precisam de tempo para sua compreensão e tais mapas ocorrem em situações muito comuns, como em divulgação para a venda de apartamentos, por exemplo, e na grande mídia, principalmente no jornalismo.

Na Cartografia Escolar brasileira, há a predominância dos mapas para ler e os mapas com linguagens aleatórias. Mas há um aumento da influência da semiologia gráfica no trabalho de professores de Geografia espalhados pelo país. Nela, um instante de visualização basta para entendermos o essencial da Geografia em determinado fenômeno representado. Assim, para Fonseca e Oliva (2013, p. 111):

> a linguagem visual, e no caso a cartográfica, se organiza como um sistema espacial e, ao mesmo tempo, atemporal (instantâneo). Quanto à percepção visual (comum a todos), ela é constatada com facilidade. Afinal, genericamente admite-se que todas as pessoas distinguem da mesma maneira os objetos – que uma montanha é diferente visualmente de uma planta; que duas bolas são de tamanhos diferentes (uma menor, outra maior). Simples assim. Por que não usar essas percepções para codificar uma linguagem gráfica? Afinal, será muito menos produtivo contrariar as percepções visuais que as pessoas já têm.

CAPÍTULO 4 89

Acreditamos que a semiologia gráfica seja um caminho promissor para o desvencilhamento da cartografia de seu caráter exclusivamente técnico convencional, abrindo portas para uma maior e melhor apreensão dos fenômenos geográficos a partir do mapa. Com isso Jacques Bertin, "pai" da semiologia gráfica, propõe as variáveis visuais, partindo das percepções mais elementares e universais, sob o pressuposto que o mapa forma uma imagem e pode ser percebido como tal.

Figura 16: Tabela das variáveis visuais de Jacques Bertin

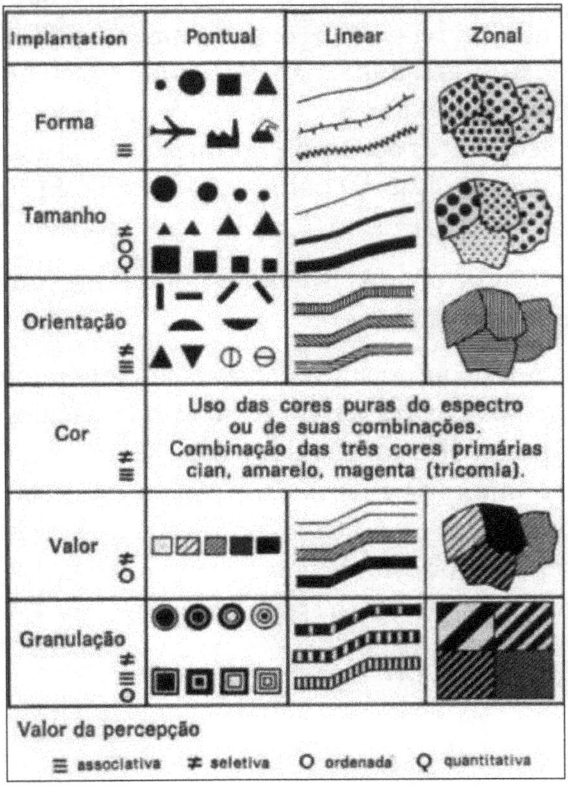

Implantation	Pontual	Linear	Zonal
Forma ≡	• ● ■ ▲ ✈ ⌇ ⌂		
Tamanho ≠ O Q	● ● • • ▲ ▲ ▲ ▲ ■ ■ ■ ■		
Orientação ≠ ≡	❘ — ╱ ❭ ▬ ▬ ▬ ▲ ▼ ⊕ ⊖		
Cor ≠ ≡	Uso das cores puras do espectro ou de suas combinações. Combinação das três cores primárias cian, amarelo, magenta (tricomia).		
Valor ≠ O	▫ ▨ ▬ ■ ■		
Granulação ≠ ≡ O	● ◉ ○ ◎ ■ ▫ ▫ ▣		
Valor da percepção ≡ associativa ≠ seletiva O ordenada Q quantitativa			

Fonte: Joly (2004), p. 73

As variáveis visuais da imagem mais utilizada são o tamanho e o valor. Já para as de separação são normalmente utilizadas a cor e a forma. Geralmente essas variáveis são as mais utilizadas nos mapas. Então, para Bertin, todo mapa deve responder a três questões: 1 – Num lugar qualquer, o que há? 2 – Um fenômeno qualquer, onde ele está? 3 – Para um fenômeno representado, qual é sua distribuição espacial? Para Fonseca e Oliva (2013), a elaboração de Bertin intenciona, ao mesmo tempo, trabalhar a questão da percepção visual e universal e responder às questões geográficas a que um mapa deve atender.

Dessa forma, quando intencionalizarmos trabalhar certa temática geográfica nas aulas, teremos um mapa que realmente nos responda em relação aos questionamentos que colocamos para a temática escolhida, não correndo o risco de generalizações do conteúdo perante este. E como os tipos de relações visuais e geográficas aparecem no mapa através da utilização da semiologia gráfica? A classificação a seguir é proposta por Fonseca e Oliva (2013):

Separação de objetos diferentes, que expressam uma diferença qualitativa

Todos nós já observamos mapas com cores diferentes. Por exemplo, temos as cores verde e amarelo. A coisa mais óbvia que podemos perceber é que são diferentes. Sendo assim, uma cor representa uma coisa e outra cor a diferencia desta. Portanto, uma cor separa os fenômenos de outra cor. Essa modalidade de representação podemos chamar de qualitativa. Isso pode ser comprovado com o mapa a seguir:

Figura 17: Mapa da distribuição da vegetação no mundo

Para exemplificar com um mapa, acesse o QR code para visualizar a figura 17.

Acesse também pelo link:

https://atlasescolar.ibge.gov.br/images/atlas/mapas_mundo/mundo_vegetacao.pdf

No caso do mapa utilizado como exemplo (Figura 17), Fonseca e Oliva (2013) se referem a uma diferenciação dos tipos de formações vegetais, dando uma visualização da distribuição geográfica dos diferentes tipos (separados) por uma representação por diferentes cores, sendo constituído como um mapa para ler.

Diferenças de proporção entre tamanhos e quantidades de um mesmo elemento, que expressam tamanho e quantidade

Para representar as quantidades, os mapas quantitativos são os mais recomendáveis. Observe a seguir:

Figura 18: Mapa de Refugiados no mundo (2017)

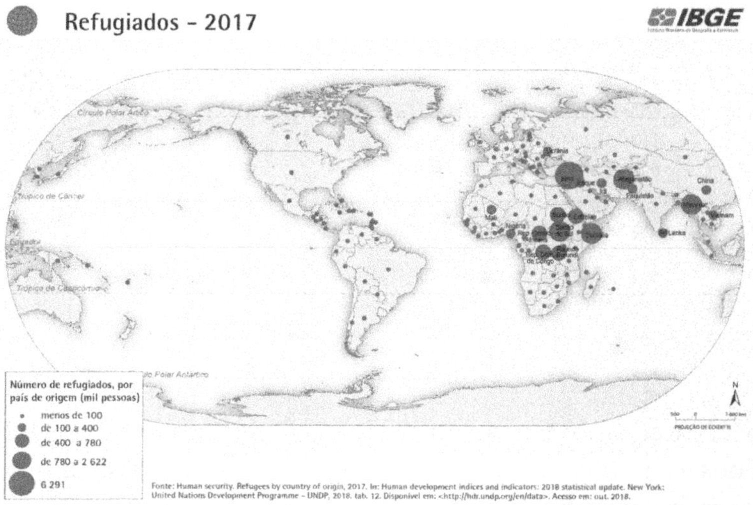

Fonte: https://atlasescolar.ibge.gov.br/images/atlas/mapas_mundo/mundo_refugiados.pdf Acesso em 02 abr. 2023.

O mapa da figura 18 representa o mundo com um fundo com informações implantadas por meio de círculos de diversos tamanhos, criando relações entre eles, permitindo visualizar que todos têm a mesma forma, mas alguns são maiores e outros menores. Juntamente a isso, existem também relações de localização, que permitem saber onde estão os maiores e os menores. Numa interpretação desse mapa por Fonseca e Oliva (2013, p. 117), temos o seguinte resultado:

> 1. As figuras são as mesmas (círculos), logo é exato considerar que elas estão representando o mesmo fenômeno. 2. Os círculos têm tamanhos diferentes, logo é exato concluir que o que eles representam tem tamanhos (dimensões, quantidades) diferentes. 3. Por fim, pode-se observar que esse mesmo fenômeno ocorre em tamanhos (ou quantidades) diferentes em uma dada distribuição geográfica mundial.

Dessa forma, esse mapa quantitativo vai representar um fato geográfico bastante básico, no qual um mesmo fenômeno pode se manifestar em diversas localizações no mundo, em quantidades ou tamanhos diferentes. Para Fonseca e Oliva (2013), qualquer pessoa é capaz de perceber visualmente onde tem mais presença de refugiados, antes mesmo de observar a legenda (ábaco). Isso é um sinal de que o mapa está adequado, podendo ser visto de uma forma imediata, tratando-se de um "mapa para ver", como modo de implantação pontual.

Ordenamento por valores diferentes de um mesmo elemento, que expressa ordem.

Aqui temos o caso dos mapas ordenados. Observemos o exemplo a seguir:

Figura 19: Mapa da taxa de Natalidade no mundo (2016)

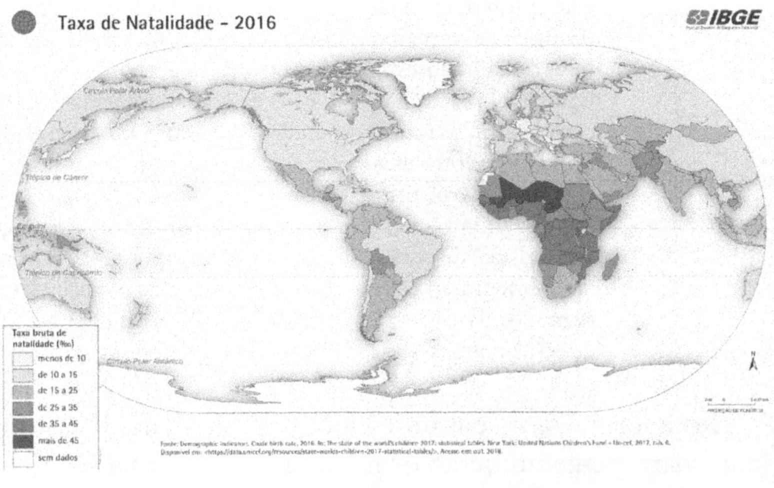

Fonte:https://atlasescolar.ibge.gov.br/images/atlas/mapas_mundo/mundo_taxa_bruta_de_natalidade.pdf Acesso em 17 abr. 2023

Neste mapa percebe-se que as áreas estão preenchidas sempre com uma das sete gradações de cores. As tonalidades podem ser observadas por duas ordens: da mais clara à mais escura ou da mais escura à mais clara, ou seja, diferentes tonalidades de cores que vão gerar ordens. Nesse caso são utilizadas tonalidades de cinza, levando a entender de uma forma mais clara que se trata de um mesmo fenômeno que está sendo representado.

Uma regra básica também da percepção visual é a intensidade do fenômeno da taxa de natalidade. Um tom mais quente significa maior taxa e um tom menos quente menor taxa de natalidade. Segundo Fonseca e Oliva (2013), os mapas ordenados mostram mais do que quantidades e sim representação de quantidades diferentes relacionadas e os autores (p. 122) explicam isso, citando outro exemplo de ordenação quantitativa no mapa:

> Se o objetivo for mostrar o número de trabalhadores agrícolas em cada uma das regiões brasileiras, basta obter os dados e fazer um mapa quantitativo com círculos (ou quadrados) de diferentes tamanhos. Onde os círculos forem maiores, há mais trabalhadores agrícolas em termos absolutos. Todavia, é possível relacionar os dados de trabalhadores agrícolas com o número total de trabalhadores em geral, nas regiões do Brasil. Obter essas porcentagens e produzir um mapa ordenado permitirá enxergar outra face da questão. Pode ser que uma região com muitos trabalhadores agrícolas, em termos absolutos, não seja aquela que tenha, proporcionalmente, mais trabalhadores agrícolas em relação ao conjunto. Isso vai nos permitir visualizar imediatamente quais as regiões que são mais agrícolas e as que não são.

Dessa forma, os mapas ordenados podem ser de grande utilidade para o entendimento de nossas realidades mais contemporâneas, cruzando dados e mostrando-os de uma forma visual e instantânea, num modo de implantação zonal.

Direcionamento de fluxos (relações) entre pontos distintos do espaço, que expressam movimento (dinâmica)

Os mapas mais convencionais apresentam um grande problema na representação de alguns fenômenos que, por natureza, são dinâmicos, dando a impressão que o mapa é estático. Ainda como modalidade quantitativa, temos os mapas chamados dinâmicos. Acompanhe o exemplo a seguir:

Figura 20: Mapa da Migração interestadual no Brasil (2018)

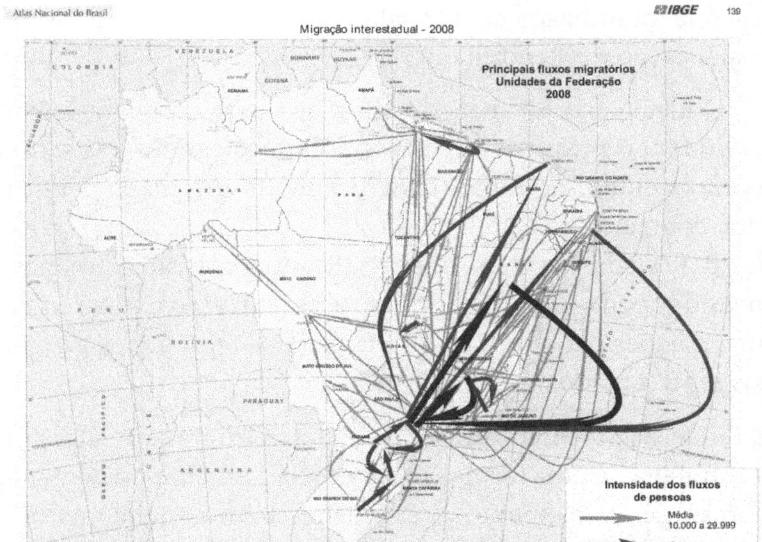

Fonte: https://www.ibge.gov.br/apps/atlas_nacional/pdf/atlas_nacional_do_brasil_2010_pagina_139_principais_fluxos_migratorios_unidades_da_federacao_20.pdf Acesso em 12 abr. 2023

As setas geralmente indicam a direção de um movimento. Representada num mapa, as setas ganham mais um condicionante: uma referência espacial. Elas são linhas e não podemos esquecer. Portanto, é um modo de implantação linear. Cada uma dessas linhas representa um fluxo de migrantes, mostrando com as setas as regiões emissoras e receptoras de pessoas. Aqui temos também a variável visual de tamanho, na qual a largura das setas indica se tais fluxos são maiores ou menores na relação entre elas.

Então esse mapa é para ver, visto que apresentam uma percepção universal. Ao olhar as setas prontamente você perceberá o tamanho – ou mesmo a intensidade – do fenômeno geográfico migração interestadual. Como há um emaranhado de setas, uma legenda foi utilizada com tonalidades de cinza para melhorar a visualização e entendimento.

O ideal seria ter mais de um mapa para compará-los, não tendo tantas informações (setas) sobrepostas. São três setas na legenda: então seria mais convincente ter um mapa para cada seta, comparando os fenômenos no espaço brasileiro e no ano de 2018. Cada vez mais se tem utilizado a coleção de mapas ao invés de apenas um, melhorando a visualização e separando as informações para uma maior clareza dos fenômenos geográficos representados.

É de se estranhar que no ensino de Geografia a cartografia seja tratada de uma forma tão superficial. Afirmar que um mapa se resume a 5 elementos é descartar um potencial analógico dos mapas, o que nos deixa atônitos. Precisamos de dezenas de páginas desse livro para explicar a complexidade dos mapas. E muito mais poderia ser abordado. Trabalhar com o mapa como ele se fosse uma só projeção, uma só métrica e linguagens sempre parecidas, também nos faz crer que a Geografia se renova e a cartografia não.

Pensando nisso, apresentamos a seguir alguns exercícios e atividades que possibilitam potencializar o uso da cartografia nas aulas de Geografia.

5. ATIVIDADES PARA UMA POTENCIALIZAÇÃO ANALÓGICA DA CARTOGRAFIA NAS AULAS DE GEOGRAFIA

5.1 ATIVIDADE 1: VER E ENTENDER MAPAS[22]

- Anos do ciclo: 6º ao 9º ano
- Área: Geografia
- Possibilidade Interdisciplinar: Matemática e Artes
- Duração: 4 a 6 aulas
- Expectativas de aprendizagem: compreender os elementos que compõem a elaboração de um mapa: seu fundo é composto por vários elementos (escala, projeção e métrica) e a linguagem que será aplicada sobre esse fundo, com o objetivo de leitura de mapas que espacializam fenômenos da realidade.

Plano de atividades

Para introduzir a observação e apreensão de mapas temáticos, que tratam de espacializar diversos fenômenos da realidade, o professor deverá apresentar aos alunos os elementos que compõem todo e qualquer mapa. Isso dependerá de sua estratégia de

---

[22] Atividade proposta por Fernanda Padovesi Fonseca para a revista Carta Capital Educação. 2008. p. 24-29 e adaptada para o livro.

como passar tais conteúdos. Mas não se esqueça: disponibilizar os mapas para seus alunos é fundamental. E não estou falando em deixá-los pregados na parede ou algo assim. Os elementos do mapa como já nos referimos são:

1. O seu fundo (sua base) que é composto de vários elementos (escala, projeção e métrica).
2. A linguagem que será aplicada sobre esse fundo. É interessante decompor o mapa, para que o aluno perceba tais componentes e saiba que estes podem variar, que as possibilidades de representação são diversas. Não há um fundo de mapa mais correto, pois este sempre dependerá das técnicas utilizadas para construí-lo, do fenômeno que será representado e das necessidades de representação de cada fenômeno geográfico.

Vamos ao exame dos elementos componentes do fundo do mapa, com um texto que pode ser trabalhado com os estudantes, versando sobre: **1. A escala; 2. A projeção; e 3. A métrica.**

Texto e mapas explicativos para o desenvolvimento da atividade

1 – Escala cartográfica

Trata-se do grau de redução da realidade a ser representada no mapa, como podemos observar no mapa a seguir:

Figura 21: Escala e tamanho de países

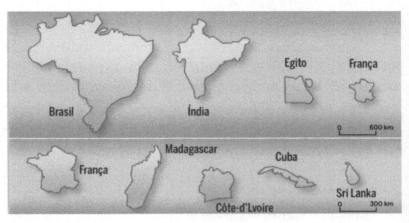

Fonte: Carta Fundamental (2008, p. 26).

É a escala que definirá o grau de seleção e de generalização que o mapa deverá ter. Por exemplo, num mapa-múndi, de escala global, fica difícil visualizar e comparar a estrutura das vias férreas dos países, pois há uma diversidade muito grande.

Em alguns casos, por exemplo, em países com território diminuto, mas com uma rede ferroviária densa, para que tal rede seja representada num contexto escalar de mapa-múndi, o elaborador do mapa terá de selecionar as ferrovias mais importantes, generalizar os seus traçados para que elas possam ser visualizadas. E aí fica uma primeira regra da linguagem visual: só é apreendido o que é discernido pela visão. Elementos muito embaralhados, muito densos, com várias sobreposições escapam do olhar e não fazem sentido no mapa.

Há uma grande diversidade de tamanho de países e muitos fenômenos estão circunscritos no território de um país – como o exemplo da sua rede ferroviária – e algo assim deve "caber" visualmente dentro deste país. Para tanto, a escala deve permitir a representação e a visualização do fenômeno num mapa. Logo, alguns fenômenos não são representáveis na escala de mapa-múndi.

O fenômeno que será tratado na atividade, a distribuição mundial do vírus HIV, é visualizável num mapa-múndi detalhando país a país, porque não é uma infraestrutura territorial e sim um volume estatístico. A prática com a linguagem cartográfica vai construindo um bom senso na escala das escalas. Escolhas inadequadas comprometem o mapa integralmente.

2 – As diferentes projeções

Projeção é o outro elemento do fundo do mapa. Todo mapa tem uma projeção, já que se trata de uma necessária operação geométrica de transposição da superfície curva do planeta numa folha plana de papel ou tela do computador. As projeções são percebidas visualmente, principalmente quando se trabalha com mapas em escala de pouco detalhe, como nos mapa-múndi.

É importante que o aluno perceba que a projeção escolhida é uma opção do autor do mapa, dentre tantas projeções disponíveis. Dependendo do tema a ser representado no mapa, haverá projeções mais ou menos adequadas. Na projeção de Mercator, ainda hoje muito usada, pode-se notar que a Groenlândia, próxima ao Polo Norte, parece ser maior do que a África. O que não é verdade. A Groenlândia aparece 14 vezes maior do que na realidade é.

A vantagem dessa projeção é representar o litoral com precisão e, portanto, ser útil à navegação. Por sua vez, a Projeção de Gall-Peters respeita a proporcionalidade das superfícies terrestres, mas ao preço de distorcer as formas dos continentes. Por respeitar a relação das superfícies terrestres, é uma projeção que se presta a representar fenômenos que necessitam da relação visual de sua distribuição territorial, como a das formações vegetais sobre o planeta. As projeções citadas se encontram abaixo:

Figura 22: Projeção de Mercator e de Gall-Peters

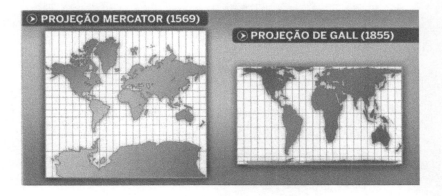

Fonte: Carta Fundamental (2008, p. 26).

Porém, existem outras projeções que cumprem melhor essa função que a de Gall-Peters. Uma projeção indicada para representar os fluxos mundiais hoje em dia é a de Buckminster Fuller (a seguir).

Figura 23: Projeção de Buckminster Fuller

Fonte: Carta Fundamental (2008, p. 27).

Centrada no Polo Norte, essa projeção mantém a proporcionalidade e a forma das massas continentais, transportando as deformações para os oceanos. Nela não vemos as centragens (o que fica visível no centro mapa-múndi) tradicionais das projeções cilíndricas, que mostram o mundo desenvolvido num quadriculado constituído por meridianos e paralelos, como Mercator e Gall-Peters. Nessa projeção o norte é o centro do mapa e, portanto, há outra comunicação visual, diversa da hierarquia norte-sul observável na maioria das projeções.

A projeção dos mapas sobre o vírus HIV é a de Bertin 1950, é adequada para mapas temáticos, pois mantém a proporcionalidade das áreas e também alguma relação com as formas das terras emersas como observamos a seguir:

CAPÍTULO 5   105

Figura 24: Projeção Bertin (1950)

Fonte: Carta Fundamental (2008, p. 27).

Figura 25: Mapa Adultos que vivem com AIDS: número absolutos

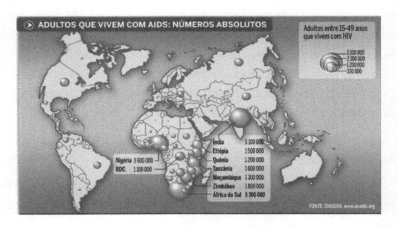

Fonte: Carta Fundamental (2008, p. 28).

3 - Métrica

A forma métrica com a qual se construiu um fundo de mapa indicará quais são as medidas que podem ser extraídas dali. Em geral, os mapas têm métricas territoriais no fundo do mapa. Quer dizer: se relacionam com as medidas do terreno. Mas pode-se também utilizar métricas não territoriais nas quais o tamanho dos países no mapa não vai representar o tamanho do seu território e sim o tamanho de outro referencial.

Quando se utiliza uma métrica não territorial no fundo de mapa chamamos tal representação de anamorfose. Após a observação dos mapas temáticos, o aluno poderá fazer uma análise comparativa da anamorfose, onde o tamanho do território de um país mostra a proporção mundial das pessoas com idade entre 15 e 49 anos com o HIV que ali vivem. É uma forma de trabalhar a questão da representação cartográfica com várias alternativas visuais, para realçar e expor visualmente os fenômenos de modo a possibilitar a ampliação das possibilidades de percepção e de análise.

Não existe representação mais certa, existem sim, várias possibilidades e a ideia é desenvolver e encontrar cada vez mais representações interessantes que nos ajudem ver os fenômenos. Sobre o fundo do mapa que em si comporta múltiplas possibilidades comunicativas (as escolhas das variáveis do fundo do mapa já fazem parte do trabalho de comunicação) aplica-se a linguagem cartográfica, elemento propriamente comunicativo do mapa.

Mapas temáticos

Após a indicação dos elementos constituintes do fundo de mapa, seria bom mostrar aos alunos dois mapas temáticos que apresentam a distribuição absoluta e relativa do vírus HIV no mundo. Todo mapa temático responde a duas questões básicas e os alunos devem fazer tais perguntas aos mapas. A primeira é: em tal lugar, o que há? E a segunda é: tal fenômeno, onde está? (e ele pode estar em várias localizações, o que nos informará sua Geografia).

No mapa da distribuição absoluta (da página anterior) é utilizada a variação de tamanho de figuras (círculo) para expressar os números absolutos da população adulta com o vírus HIV por país. A relação é direta: tamanhos maiores, maior é o número de pessoas infectadas. Se aplicarmos a primeira questão que pode ser feita a este mapa, o aluno saberá o número de pessoas com o vírus no Brasil, por exemplo. É só transportar o tamanho do círculo que está no centro do Brasil para o ábaco na legenda do mapa e saber qual é a proporcionalidade.

Para a segunda questão a ser respondida, o aluno visualizará uma distribuição desigual no mundo e uma criticidade do fenômeno na África. Isso imediatamente. O mesmo exercício deverá ser feito com o mapa da porcentagem da população adulta de cada país que vive com o vírus do HIV, que podemos observar a seguir:

Figura 26: Mapa adultos que vivem com AIDS: porcentagem

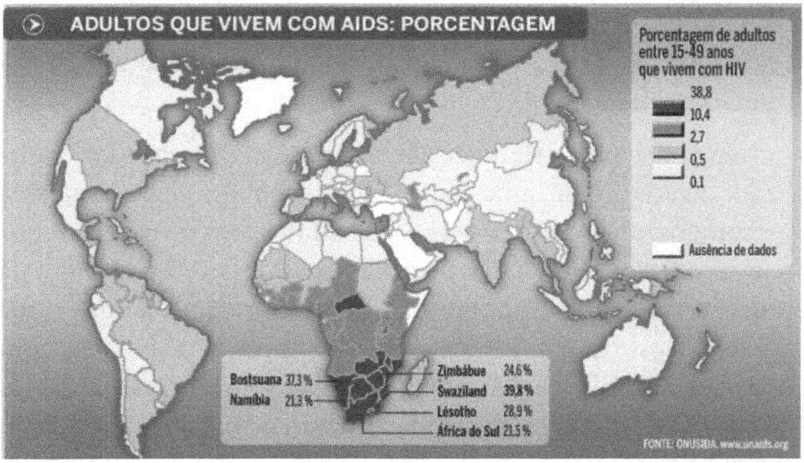

Fonte: Carta Fundamental (2008, p. 29).

Ali o fenômeno encontra-se visualmente ordenado, por meio da tonalidade de cinza que vai do mais escuro, onde a porcentagem é maior, gradando para o mais claro, onde a porcentagem é menor. A relação também é direta, pois se percebe em quais partes do globo estão mais escuras, numa situação mais crítica. Aí também a África se ressalta na imagem formada.

Uma análise comparativa pode ser feita entre os dois mapas, já que estão na escala de mapa-múndi e são mapas que formaram a imagem da distribuição dos fenômenos geográficos representados. Algumas questões podem surgir, e para tanto os alunos deverão ter um mapa-múndi de referência com o nome dos países. Instigue os alunos com o exemplo da República Centro-Africana, que em números absolutos não foi visualmente significativa, mas que em números relativos se destaca. O exemplo inverso será o da Índia. Quais outras comparações podem ser feitas?

Agora o aluno poderá somar à sua análise comparativa o mapa da anamorfose sobre o vírus HIV, que se encontra logo abaixo:

Figura 27: Mapa Anamórfico da Incidência de AIDS

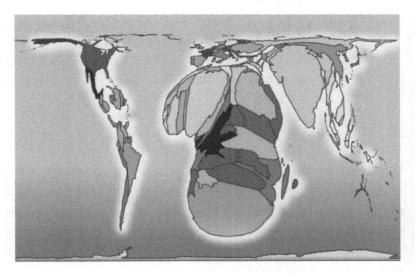

Fonte: Carta Fundamental (2008, p. 29).

A métrica desta anamorfose é o próprio tema: o tamanho do território do país indica a porcentagem da população mundial adulta que ali vive infectada pelo vírus. Quais são as comparações que podem ser feitas? Qual o acréscimo de compreensão do fenômeno que os alunos obtiveram com mais essa representação? Essa outra imagem reforça mais uma vez a criticidade da situação da África. Assim, as imagens dos mapas cumpriram o seu papel: explicitar a Geografia da infecção com o vírus HIV e, ao mesmo tempo, instigar os alunos na busca das respostas que expliquem essa Geografia.

5.2 ATIVIDADE 2: REPRESENTAÇÕES CARTOGRÁFICAS DE ESPAÇO-TEMPO[23]

- Anos do ciclo: 6º ao 9º ano
- Área: Geografia
- Possibilidade Interdisciplinar: Matemática
- Duração: 3 semanas
- Expectativas de aprendizagem: descrever e registrar percursos diários; localizar pontos de referência, comparando as distâncias entre eles; utilizar a linguagem cartográfica para obter informações e representar as relações distância-tempo.

Plano de atividades

Qual é a distância entre esses dois lugares? Essa é uma questão que normalmente pode ser feita a um mapa que mostre duas localidades, por exemplo. Agora, outra questão que o mapa deveria responder é: quais lugares representados nesse mapa são mais acessíveis e quais os menos acessíveis?

Desde o século XIX, com o desenvolvimento das tecnologias de transporte, há um esforço para produzir representações que mostrem quais são as distâncias em tempo de viagem entre os lugares. E essa distância-tempo é uma relação que pode ou não estar diretamente relacionada à primeira apreensão de distância feita no mapa tradicional em metros ou em quilômetros.

A Geografia atual percebe que a distância entre os lugares e demais objetos existentes no mundo depende de diversas

---

[23] Atividade proposta por Fernanda Padovesi Fonseca para a revista Carta Capital Educação. 2011. p. 36-39 e adaptada para o livro.

relações, e não só da distância em metros e quilômetros. É o que comprovamos na prática no nosso cotidiano: estou perto de um lugar se não há trânsito naquele momento para acessá-lo, se há transporte público para o deslocamento, ou mesmo se não custa muito para chegar até ele. Para respondermos à simples pergunta da distância, necessitamos elucidar essas diversas correlações.

Texto e mapas explicativos para o desenvolvimento da atividade

E como o mapa pode representar essa questão de tempo? Uma das possibilidades é a modificação do que se chama fundo de mapa e a construção de uma anamorfose. Modificar esse fundo significa que os objetos podem estar próximos ou distantes conforme diversas métricas. Um exemplo é aquele da distância em horas entre cidades da França pela rede ferroviária. O mapa (a seguir) mostra que as cidades podem estar mais distantes em quilômetros, mas mais próximas em tempo de viagem devido à ligação ferroviária em alta velocidade.

112 DESVENDANDO A CARTOGRAFIA NO ENSINO DE GEOGRAFIA

Figura 28: Mapa de distâncias em horas na França

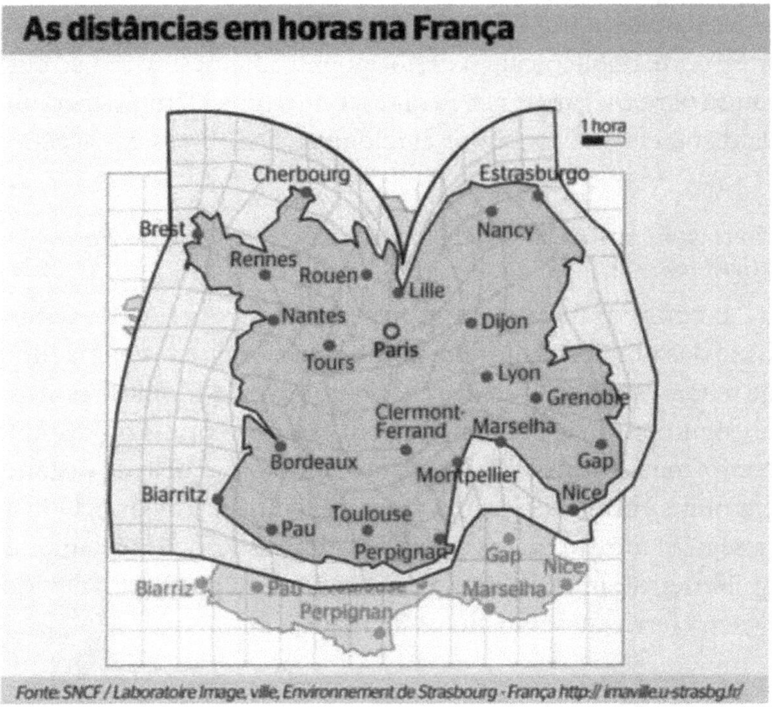

Fonte: Carta Fundamental (2011, p. 37).

Percebam que há dois mapas da França sobrepostos, com uma escala temporal de uma hora. Significa que o comprimento da barra de escala gráfica significa uma hora no mapa. O mapa de baixo está numa escala em distância espacial, utilizado como comparativo, provando visualmente que em distâncias temporais o mapa é menor que aquele com distâncias espaciais, pois o tempo é preponderante ao espaço devido aos trens de alta velocidade.

Sendo assim é aplicada no mapa a relação de tempo de deslocamento para construir visualmente a distância entre os lugares. As regiões onde os deslocamentos são mais rápidos são representadas com uma área (tamanho do território) menor e onde os deslocamentos são mais demorados, maior. Agora observe o mapa abaixo:

Figura 29: Comparativo: as distâncias do trabalho em São Paulo

Fonte: Carta Fundamental (2011, p. 37).

O exemplo para o município de São Paulo revela a estreita relação do menor tempo que o trabalhador leva para chegar ao trabalho com a rede de transportes sobre trilhos: trem e metrô. Esse tipo de transporte na cidade em geral não sofre atrasos, pelo menos não por causa das condições do trânsito em geral, como a maior parte dos ônibus, por exemplo.

O espaço e o indivíduo

No ensino, a Geografia deve se preocupar também com as espacialidades resultantes das práticas do indivíduo. Isso significa pensar no quanto as atividades cotidianas podem ser resultado do espaço produzido e, por outro lado, quanto às atividades cotidianas praticadas pelas pessoas produzem o espaço. Quer dizer, em certa medida, o espaço resulta de sua interação com o indivíduo. Em outra medida, entram os outros atores sociais como o Estado (via planejamento, por exemplo) e os vários agentes empresariais da iniciativa privada. É importante ressaltar que, se o indivíduo não produz o espaço em sua totalidade, também não é completamente inerte no resultado.

Trabalhar representações cartográficas na escala do indivíduo faz com que apreensões pessoais, assim como reoperações espaciais individuais, possam ser expressas. Um bom exercício é a observação do deslocamento feito pelo aluno para ir à escola. É importante para a criança e o adolescente começar a se relacionar com seu espaço de vivência, perceber se a casa dos amigos está longe ou perto, saber qual é a distância de sua escola até sua casa; e o planejamento que é feito para que ela vá às aulas todos os dias.

A ideia é estabelecer um diálogo com as competências do ensino de Matemática, como, por exemplo: estabelecer pontos de referência para se situar, se posicionar e se deslocar no espaço; identificar relações de posição entre objetos no espaço; reconhecer grandezas mensuráveis, como comprimento; utilizar informações sobre medidas de tempo por meio de instrumentos de medida (no caso, o relógio) e depois expressá-las.

Agora, em alguns locais, principalmente nas grandes cidades, a relação tempo-espaço dos deslocamentos realizados pelas crianças pode ser bastante complexa, dependente de diversas variáveis que compõem a realização de um trajeto: a distância em metros entre a casa e a escola; o horário do deslocamento; o meio de transporte e o custo do transporte, entre outros. Em alguns casos, a distância em metros acaba sendo um componente secundário na equação do ir e vir da criança e do adolescente.

Etapas práticas da atividade

Objetivo: Observação do cotidiano e comparação de deslocamentos ajuda o aluno a perceber que nem sempre o mais próximo em metros está mais acessível.

A) Levantamento de dados:

Peça a cada aluno que anote três dados a respeito de seu percurso de casa para a escola: a hora de saída, a hora de chegada e o tipo de transporte utilizado.

B) Mapeando o entorno:

Na sala, marque em um mapa da cidade a localização da casa de cada estudante. Peça que tracem com a régua a rota da casa de cada um até a escola. Com isso, será construído um mapa onde será possível visualizar a área de abrangência da escola e as localizações dominantes por meio do conjunto dos traços casa-escola de todos os alunos.

C) Debatendo a cidade:

Durante a semana, os alunos deverão se familiarizar com esse mapa comum e diversas discussões poderão ser feitas com base nele:

a. Onde estão as localizações dominantes? Quais as características das áreas nas quais há maior presença de moradias de estudantes: são mais densas? Têm mais moradias? Têm muitos apartamentos? Têm menos comércio?

b. Como são as áreas nas quais há localizações, mas em menor número: são menos densas? Há presença de parques, fator que diminui o espaço para as moradias?

c. Vale pensar nas estratégias espaciais que foram adotadas para que os alunos estudem em cada escola (estratégias de transporte: sistema solidário de caronas, transporte escolar, facilidade de transporte coletivo, acesso a pedestre; preocupações com segurança; preocupações ambientais etc.). Com essa atividade, trabalha-se uma visão da paisagem relacionada às localizações e aos deslocamentos e, ao mesmo tempo, exercita-se de forma interessante a cartografia.

D) A média de tempo gasto:

A segunda etapa da atividade vai aproveitar o material já produzido anteriormente. Depois de os estudantes coletarem os dados por uma semana, tente chegar a uma média de tempo gasto para ir e voltar à escola durante a semana. Com isso, os alunos individualmente terão um resultado de quanto é a média de tempo gasto nesse deslocamento.

CAPÍTULO 5   117

E) **Nuvem de números:**

Seguindo o modelo abaixo, construa um cartograma onde serão anotados os tempos médios dos deslocamentos dos alunos.

Figura 30: Exemplo de cartograma

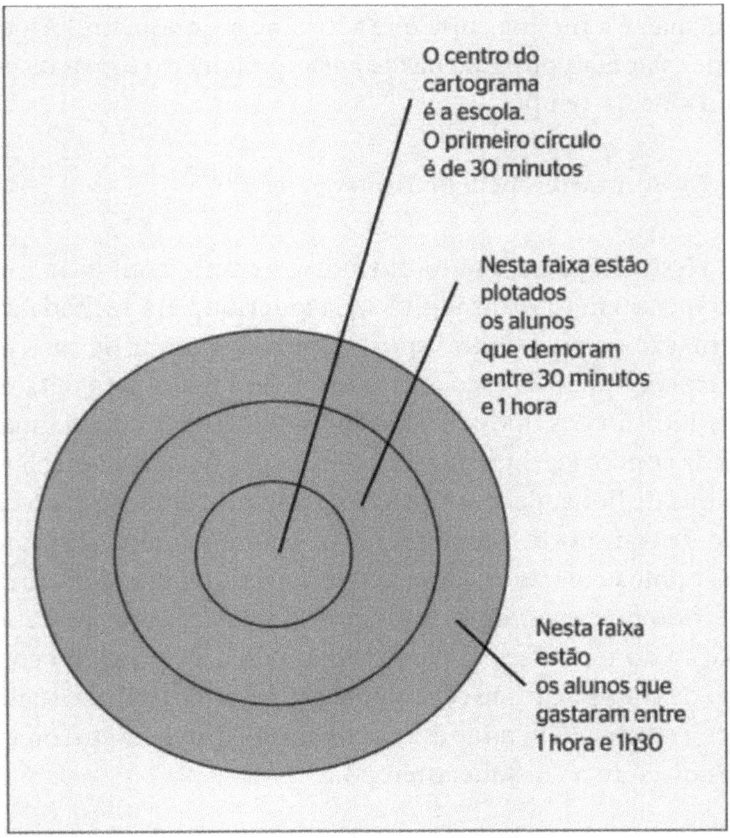

O centro do cartograma é a escola.
O primeiro círculo é de 30 minutos

Nesta faixa estão plotados os alunos que demoram entre 30 minutos e 1 hora

Nesta faixa estão os alunos que gastaram entre 1 hora e 1h30

Fonte: Carta Fundamental (2011, p. 39).

Utilize cartolina branca e pedaços de barbante com tamanhos específicos relativos às classes de tempo gasto. Por exemplo, constatou-se que o menor tempo gasto é 10 minutos e o maior tempo gasto, 1 hora e 30 minutos. É importante que os números dos alunos sejam plotados na direção da casa de cada um (norte, sul, leste e oeste). O resultado será uma espécie de "nuvem de números" nos círculos concêntricos que subsidiarão a discussão sobre onde está a maior parte dos alunos, mais próximos ou mais distantes da escola com relação à distância-tempo, que, como se verá, não é a mesma coisa que a distância-quilômetro. Alguém pode estar mais próximo na distância-quilômetro e mais distante na distância-tempo.

F) A interferência do transporte:

Nesta etapa será feito outro cartograma com base no de distância-tempo realizado na aula anterior. Será incluída a informação do tipo de transporte utilizado para ir de casa para a escola e voltar da escola para casa. Para tanto, será feita uma classificação dos tipos de transporte utilizados e criada uma legenda com cores diferentes: a pé, de carro, de ônibus escolar, de ônibus de linha, de metrô etc. Será adotada uma cor para cada tipo de transporte e os números dos alunos serão substituídos por pontos coloridos. Cada aluno fará o seu pequeno círculo colorido no cartograma de tempo. Será interessante perceber a relação do tempo gasto para chegar à escola e a relação com o tipo de transporte. Discuta com o grupo, a partir das visualizações, como alguém pode estar próximo na distância-quilômetro, mas distante na distância-tempo.

6. CONCLUINDO OU MESMO INTRODUZINDO UM DEBATE

O presente livro trouxe à tona algumas necessidades de se repensar a cartografia como uma linguagem essencial para a Geografia e seu ensino. A cartografia, pelo menos no Brasil, está estacionada em preceitos que advêm dos séculos passados. Visto isso, e de acordo com as análises críticas que fizemos até então, há uma necessidade preeminente de renovação, pelo menos ao mesmo nível que se encontra a Geografia, como ciência e na escola.

Há um problema instalado numa ausência de reflexão teórica nos trabalhos acadêmicos, sejam eles escolares ou não, de geógrafos que lidam com a cartografia. Assim, a cartografia é naturalizada na Geografia, assim como a Geografia Pragmática, por exemplo, foi naturalizada em relação à percepção espacial a partir de modelos matemáticos. Como uma das respostas a isso, temos a Semiologia Gráfica de Jacques Bertin.

Considerando a Semiologia Gráfica como a codificação de uma linguagem que se caracteriza por ser atemporal e espacial, podemos afirmar que existe uma analogia com o espaço geográfico, podendo ser um potencial para a cartografia ser um campo do desenvolvimento geográfico. A questão central colocada é que uma renovação da forma – no caso a linguagem codificada pela Semiologia Gráfica – não é alheia à renovação dos conteúdos (FONSECA, 2004).

Com os novos tempos, há de ser notado um obscurecimento da Semiologia Gráfica em benefício das novas tecnologias ligadas à informática e à rede mundial de computadores, concorrendo com a cartografia existente. Assim, as dificuldades de se trabalhar com os novos softwares de informações geográficas e cartográficas, que cercam a elaboração de um mapa, deixaram o geógrafo tão envolvido em dominar tais técnicas que consequentemente ele se distanciou da discussão sobre a relação entre o mapa e a Geografia.

Em relação aos aplicativos de GPS, temos o problema dos nossos estudantes em relação à percepção espacial nos mapas. Eles muitas vezes sabem onde estão em coordenadas, mas não sabem onde estão no espaço. A escala do indivíduo passou a ser a lógica do tamanho do celular, ou seja, a não possibilidade de se ter uma ideia de uma grande área com uma densidade grande também, como as metrópoles, por exemplo.

Dessa forma, o fundo de mapa (escala, projeção e métrica) é cada vez mais desprezado, pois o mapa instrumentaliza o indivíduo: ao invés de tomar decisão frente ao mapa, é este que te dá a decisão, sem o estudante, e muitas vezes o professor, não entender as lógicas espaciais ali colocadas. É novamente a Geografia separada da cartografia.

Há uma necessidade urgente, visto as novas tecnologias de informação e a crescente complexidade socioespacial do mundo, em desnaturalizar a relação da cartografia com a Geografia visando sua flexibilização e renovação, inclusive para a escola. A matriz euclidiana é uma das possíveis na representação do espaço geográfico. Ela não pode ser vista como única, pois muitas informações representadas nos mapas não fazem sentido para seu leitor/aluno/professor, mesmo entendendo sua graficidade e parte da espacialidade representada.

Afinal, com toda carga de informação que recebemos nos dias atuais, bombardeando nosso cotidiano, o mapa se popularizou e muito. Mas não podemos perder o foco na construção do conhecimento via uma ciência geográfica que não é estática e se renova a cada momento histórico. Podemos e devemos visualizar uma cartografia como dinâmica e interdisciplinar, mas nunca esquecermos que nós, geógrafos e professores, temos como objeto de estudo a(s) espacialidade(s) da(s) sociedade(s).

A Cartografia Escolar, em sua trajetória para consolidação de propostas teórico-metodológicas que envolveram sua interface com a Geografia e seu ensino, passou por momentos de reordenação de seus pressupostos ao longo do tempo, em um cenário mundial de transformações tecnológicas que abrangeu a mudança de uma realidade analógica para uma digital.

O aumento da acessibilidade aos mapas e a própria interação do indivíduo com suas diferentes e diversas realidades espaciais demandou um aprimoramento e um cuidado maior na análise dos fenômenos que envolvessem representações na cartografia. Paralelo a isso, com a mudança do real perceptivo, as representações cartográficas demandaram também uma transformação que correspondesse aos anseios de uma sociedade movida por um "bombardeio" de novas informações e indagações.

No seio desse processo, a superficialidade analítica dos fenômenos espaciais entra em voga, movida por plataformas virtuais que se posicionam ora para facilitar a vida das pessoas ora para dificultar, confundindo-as. E isso não foi diferente com os diversos materiais didáticos, tais como os Atlas, os livros didáticos e os mapas fixados nas lousas da maioria das escolas brasileiras. Muitas inovações representativas apareceram, mas na contramão de uma sociedade voltada para a uma realidade impulsionada pelas imagens. A matriz cartesiana/euclidiana de representação cartográfica continua, reconfigurada pelo novo.

E isso, em certo momento histórico, aconteceu também no universo acadêmico, com um distanciamento de uma Geografia constantemente em renovação teórico-metodológica com uma cartografia que se estagnou, refém de sua matriz euclidiana, inclusive em seu ensino e aprendizagem.

A renovação da Geografia, impulsionada por diversos autores, mas com destaque para Milton Santos, procurou suas novas formulações, na busca por uma definição, reconhecimento e entendimento de seu objeto de estudo, a partir de aderências científicas externas (tal como a Sociologia e a Filosofia), mas associando-o com uma discussão interna à própria Geografia.

Por outro lado, a Cartografia Escolar aderiu externamente para suas novas concepções, porém abandonando, em parte, suas teorizações mais internas, para se apoiar em áreas do conhecimento ligadas à pedagogia, por exemplo. É importante que se afirme que não há nada de errado nisso, porém há a necessidade de se relacionar suas indagações internas com as externas, num estudo teórico/metodológico/epistemológico/didático desenvolvido com mais acuidade.

Portanto, percebemos a centralidade cada vez mais presente da imagem, e suas respectivas linguagens, demandando um estudo mais aprofundado de suas concepções e usos, associando-as à cartografia e suas diferentes realidades espaciais. Como demonstrativo de sua eficácia, é fundamental trabalhar os conteúdos no ensino de Geografia a partir do mapa. Porém, é importante também ensinar o mapa. Visto isso, apresentamos uma metodologia que privilegia aspectos do contexto que influenciam o significado dos mapas, segundo Harley (2005a). São eles:

    a. **O contexto do cartógrafo:** o mapa, como uma relação social, tem por trás um cartógrafo que o fez (ou equivocadamente um editor ou um profissional de informática) e quem o contratou para fazer. Entender isso é saber os objetivos por detrás do mapa. A cartografia se faz com determinados interesses – ou mesmo objetivos – e isso tem que ser desvendado num mapa. Com a lógica exclusiva da geometria euclidiana, isso é muitas vezes posto de lado, pois como já dissemos "o mapa é assim porque é".

b. **O contexto dos outros mapas:** entender a relação de um mapa com outro pode esclarecer algumas premissas, tais como a relação de um conteúdo de um mapa com outro; a relação desse mapa com os mapas desses mesmos cartógrafos que o construíram? Perceber também onde circulam mapas semelhantes ou de mesmos produtores podem mostrar a utilização de outras maneiras de se utilizar o fundo do mapa ou mesmo suas linguagens, como, por exemplo, opções diferentes ao euclidianismo de Mercator.

c. **O contexto da sociedade:** a empresa ou produtor do mapa pertencem a um conjunto social mais amplo. Um mapa construído por um jornal ou mesmo pelo IBGE mostram características sociais diferenciadas, ou seja, percepções de poder perante a sociedade. Um mapa de jornal certamente será mais visto e repercutido que um mapa do IBGE, mesmo este tendo caráter oficial e institucional. Outro indício é perceber que todo mapa está relacionado com uma ordem social de um período e de um lugar específico, tais como os mapas eleitorais, que são temporais e repercutem muito em diferentes espaços naquele momento do pleito.

Com essa metodologia, é possível também comparar as técnicas de construção dos mapas ao longo da história, subsidiando pesquisas e planejamentos de ensino acerca das transformações ou não do fundo do mapa, da superação ou não da geometria euclidiana, com o objetivo de permitir uma compreensão mais dinâmica do espaço geográfico representado na cartografia.

Para Fonseca e Oliva (2013), a visão cartográfica de mundo, que é um tanto provinciana e de tradição europeia, tem que mudar, mostrando realmente a dinâmica dos espaços que se quer cartografar, em todas as escalas, desde a mundial até a local. O mundo tem mudado a partir da mundialização e da globalização. Não temos mais territórios desconhecidos a se descobrir.

As lógicas das extensões e mensurações matemáticas, de uma forma exclusiva e privilegiada, já não existem mais. Vivemos o mundo das inteligências artificiais e das redes de conexões, sejam elas de computadores, cidades, transportes, dentre outros. Hoje percebemos uma multiterritorialidade planetária, principalmente com a ascensão da China e Índia como potências mundiais e um possível fim do protagonismo imperialista dos EUA. Fala-se em várias centralidades que se multiplicam e se diversificam, com manifestações espaciais que podem ser quilometricamente próximas, mas cujas formas e distâncias relativas mudam rapidamente.

Portanto, olhar a cartografia como um tema complexo e amplo é urgente, principalmente no ensino de Geografia. Temos que formar estudantes preparados para um mundo em constante mudança, com uma cartografia que apresente múltiplas possibilidades de ensino dentro de uma Geografia que realmente mostre as lógicas espaciais além dos números e coordenadas.

7. REFERÊNCIAS BIBLIOGRÁFICAS

ALBUQUERQUE, Maria A. M. Dois momentos na história da Geografia escolar: a Geografia clássica e as contribuições de Delgado de Carvalho. **Revista Brasileira de Educação em Geografia,** v. 1, n. 2, p. 19-51, 2011. Disponível em: <http://www.revistaedugeo.com.br/ojs/index.php/revistaedugeo/article/view/29>. Acesso em: 13 fev. 2023.

ARCHELA, Rosely Sampaio. **Análise da Cartografia brasileira:** bibliografia da Cartografia na Geografia no período de 1935-1997. São Paulo, 2000. Tese (Doutorado em Geografia), FFLCH – USP.

ARCHELA, Rosely Sampaio. Contribuições da semiologia gráfica para a cartografia brasileira. **Geografia** (Londrina), Londrina – PR, v. 10, n. 1, p. 5-11, 2001. Disponível em: <http://www.uel.br/revistas/uel/index.php/geografia/article/viewFile/10214/9032> Acesso em: 06 abr. 2023.

ALMEIDA, Rosângela Doin de. Uma proposta metodológica para a compreensão de mapas geográficos. São Paulo, 2000. **Tese** (Doutorado em Educação), FE – USP.

ALMEIDA, Rosângela Doin de. Uma proposta metodológica para a compreensão de mapas geográficos. In: ALMEIDA, R. D. de. (Org.). **Cartografia Escolar**. São Paulo: Contexto, 2007, p. 95-119.

ALMEIDA, Rosângela Doin de. **Do desenho ao mapa:** iniciação cartográfica na escola. 5. ed. São Paulo: Contexto, 2014.

ALMEIDA, Rosângela D. de PASSINI, Elza Yazuko. **O espaço geográfico:** ensino e representação. 16. ed., São Paulo: Contexto, 2010.

CASTELLAR, S. M. V. Educação geográfica: a psicogenética e o conhecimento escolar. **Cadernos Cedes**, Campinas: SP, v. 25, n. 66, p. 209-255, maio/ago. 2005. Disponível em:< http://www.cedes.unicamp.br>. Acesso em: 02 maio 2023.

CAUVIN, Colette. Transformações cartográficas espaciais e anamorfoses. In: DIAS, Maria Helena (Coord.) **Os mapas em Portugal**: da tradição aos novos rumos da cartografia. Lisboa: Cosmos, 1995. p. 267-310.

CAUVIN, Colette, ESCOBAR, F., SERRADJ, A. **Cartographie Thématique 1.** Paris: Lavoisier, 2007.

CAVALCANTE, L. V.; LIMA, L. C. Epistemologia da Geografia e espaço geográfico: a contribuição teorica de Milton Santos. **Geousp Espaço e Tempo (Online)**, v. 22, n. 1, p. 61 - 75, 2018. Disponvel em:http://www.revistas.usp.br/geousp/article/view/127769. Acesso em: 25 nov.2022.

CAVALCANTI, Lana de Souza. **Geografia e práticas de ensino.** Goiânia: Ed. Alternativa, 2002.

CAVALCANTI, Lana de Souza. Cotidiano, mediação pedagógica e formação de conceitos: uma contribuição de Vygotsky ao ensino de Geografia. In: **Cadernos Cedes.** Campinas, vol. 25, n. 66, p. 185-207, maio/ago. 2005. Disponível em: <http://www.cedes.unicamp.br≥. Acesso em: 22 abr. 2017.

CAVALCANTI, Lana de Souza. **Cedes. A Geografia escolar e a cidade:** ensaios sobre o ensino de Geografia para a vida cotidiana urbana. Campinas, SP: Papirus, 2008.

CAVALCANTI, Lana de Souza. **Cedes. Geografia, escola e construção de conhecimentos.** Campinas, SP: Papirus, 17. ed., 2010.

CRACEL, Viviane Lousada. A importância do mapa na construção de conhecimentos cartográficos: uma análise a partir da perspectiva histórico-cultural. Campinas, 2011. **Dissertação** (Mestrado em Geografia), Instituto de Geociências, UNICAMP.

DUTENKEFER, Eduardo. Representações do espaço geográfico: mapas dasimétricos, anamorfoses e modelização gráfica. São Paulo, 2010. **Dissertação** (Mestrado em Geografia), FFLCH – USP.

FONSECA, F. Padovesi. A inflexibilidade do espaço cartográfico, uma questão para a Geografia: análise das discussões sobre o papel da Cartografia. São Paulo, 2004. **Tese** (Doutorado em Geografia), FFLCH – USP.

FONSECA, F. Padovesi. O Potencial Analógico da Cartografia. **Boletim Paulista de Geografia,** São Paulo, n. 87, p. 85-110, 2007. Disponível em: <http://www2.fct.unesp.br/docentes/geo/raul/cartografia_tematica/leitura201/fernanda.pdf>. Acesso em: 06 abr. 2023.

FONSECA, F. Padovesi. Ver e entender mapas. Tema de aula – Cartografia. Geografia, Fundamental II. **Carta Fundamental.** 2008, p. 24-29.

FONSECA, F. Padovesi. Um olho no mapa, outro no relógio. Tema de aula – Geografia, Fundamental I e II. **Carta Fundamental.** 2011, p. 36-39.

FONSECA, F. Padovesi. A naturalização como obstáculo à inovação da Cartografia Escolar. **Revista Geografares,** Vitória – ES, UFES, nº 12, p. 175 – 210, 2012. Disponível em: <http://periodicos.ufes.br/geografares/article/view/3192>. Acesso em: 20 abr. 2023.

FONSECA, F. Padovesi; OLIVA, Jaime Tadeu. A Geografia e suas linguagens: o caso da Cartografia. In: CARLOS, A. F. A. (Org.). **A Geografia na sala de aula.** São Paulo: Contexto, 2008, p. 62-78.

FONSECA, F. Padovesi. Cartografia. São Paulo: Melhoramentos, 2013.

GIRARDI, Gisele. A cartografia e os mitos: ensaios de leitura de mapas. São Paulo, 1997. **Dissertação** (Mestrado em Geografia), FFLCH – USP.

GIRARDI, Gisele. Cartografia geográfica: considerações críticas e proposta para ressignificação de práticas cartográficas na formação do profissional em Geografia. São Paulo, 2003. **Tese** (Doutorado em Geografia), FFLCH – USP.

GIROTTO, Eduardo D. A relação entre Geografia Escolar e Acadêmica na obra de Delgado de Carvalho: uma análise a partir do Boletim Geográfico (1943 – 1947). In: **Boletim Paulista de Geografia,** AGB – São Paulo, v. 94, p. 12-31, 2016. Disponível em: <https: // www.agb.org.br/publicacoes/index.php/boletim-paulista/article/download/405/543>. Acesso em: 25 fev. 2023.

HAESBAERT, Rogério. **Territórios Alternativos.** Niterói: EdUFF, São Paulo: Contexto, 2002.

HARLEY, J. Brian. A nova história da cartografia. In: **O Correio da Unesco**, v. 19, n. 8. Ago. de 1991. p. 4-9. Disponível em: <http://documents.tips/documents/harley-brian-a-nova-historia-da-cartografiapdf.html> Acesso em: 20 jun. 2016.

HARLEY, J. Brian. Hacia una desconstrucción del mapa. In: **La Nueva Naturaleza de los mapas**: Ensayos sobre la historia de la cartografía. México: Fondo de Cultura Económica, 2005a, p. 185-207.

HARLEY, J. Brian. Textos y contextos en la interpretación de los primeros mapas. In: **La nueva naturaleza de los mapas.** Ensayos sobre la historia de la cartografía. México: FCE, 2005b, p. 59-77. Disponível em: <http://geografiahistorica.weebly.com/capitulo-i-textos-y-contextos-en-la-interpretacioacuten-de-los-primeros-mapas.html> Acesso em: 01 jul. 2016.

HARLEY, J. Brian. Mapas, saber e poder. **Revista Confins**. São Paulo, nº 5, p. 2-24, 2009. Disponível em: < http://confins.revues.org/5724>. Acesso em: 11 maio. 2016.

HARTSHORNE, R. **Propósitos e natureza da geografia.** São Paulo: Hucitec, 1978.

INSTITUTO BRASILEIRO DE GEOGRAFIA E ESTATÍSTICA (IBGE). **Atlas Escolar**. Rio de Janeiro: IBGE, 2023. Disponível em: <https://atlasescolar.ibge.gov.br/>. Acesso em 12 jan. 2023.

JOLY, F. **A Cartografia**. Campinas: Editora Papirus, 6. ed., 2004.

KATUTA, Ângela Massumi. **Ensino de Geografia x mapas:** em busca de uma reconciliação. Presidente Prudente, 1997. Dissertação (Mestrado em Geografia) – Faculdade de Ciência e Tecnologia – UNESP.

KATUTA, Ângela Massumi. A leitura de mapas no ensino de Geografia. **Revista Nuances: estudos sobre Educação** (UNESP), Vol. VIII, p. 167-180, 2002. Disponível em: <http://revista.fct.unesp.br/index.php/Nuances/article/view/426>. Acesso em: 15 abr. 2023.

KOLACNY, A. Cartographic information: a fundamental concept and term in modern cartography. **Canadian Cartographer**. Cartographica: the nature of cartographic communication. Toronto: University of Toronto Press, v. 14, p. 39-45, 1977. Disponível em: <http://www.utpjournals.press/doi/abs/10.3138/N587-4H37-2875-L16J?journalCode=cart> Acesso em: 26 mar. 2023.

LACOSTE, Yves. **A Geografia serve, antes de mais nada, para fazer a guerra**. Lisboa: Iniciativas Editoriais, 1977.

LE SANN, Janine G. Metodologia para introduzir a Geografia no ensino fundamental. In: ALMEIDA, Rosângela Doin de. (Org.). **Cartografia Escolar**. São Paulo: Contexto, 2007, p. 95-118.

LÉVY, Jacques. **L´espace légitime**: sur la dimension géographique de la fonction politique. Paris: Presses de la Fondation Nationale des Sciences Politiques, 1994.

LÉVY, Jacques. **Le tournant géographique**: penser l´espace pour lire le monde. Paris: Belin, 1999.

LÉVY, Jacques. Carte. In: LÉVY, Jacques; LUSSAULT, Michel (Orgs.). **Dictionaire de la Géographie et de l'espace des sociétes**. Paris: Belin, 2003. p. 128-132.

LÉVY, Jacques. Uma virada cartográfica? In: ACSELRAD, H. (Org.). **Cartografias sociais e território**. Rio de Janeiro: UFRJ/IPPUR, 2008. p. 153-167.

LÉVY, Jacques; LUSSAULT, M. Espace. In: LÉVY, Jacques; LUSSAULT, Michel (Orgs.). **Dictionaire de la Géographie et de l'espace des sociétes**. Paris: Belin, 2003. p. 325.

MARTINELLI, Marcelo. **Cartografia Temática**: Caderno de Mapas. São Paulo: Editora da Universidade de São Paulo, 2003.

MARTINELLI, Marcelo. A sistematização da Cartografia temática. In: ALMEIDA, R. D. de. **Cartografia Escolar**. São Paulo: Contexto, 2007.

MARTINELLI, Marcelo. **Mapas da geografia e cartografia temática**. São Paulo: Editora Contexto, 2013.

MATIAS, Lindon F. Por uma Cartografia Geográfica: Uma Análise da Representação Gráfica na Geografia. **Dissertação** (Mestrado em Geografia) – São Paulo: FFLCH – USP, 1996.

MIZUKAMI, Maria das Graças Nicoletti. **Ensino: as abordagens do processo.** São Paulo: EPU, 1986. (Temas Básicos de Educação e Ensino).

MORAES, A. C. R. de. **A gênese da Geografia moderna.** São Paulo: Hucitec, 1989.

MORAES, A. C. R. de. **Geografia:** pequena história crítica. São Paulo: Hucitec, 2005.

MOREIRA, Ruy. **O pensamento geográfico brasileiro:** as matrizes de renovação. São Paulo: Contexto, vol. 2, 2009.

MOREIRA, Ruy. **Pensar e ser em Geografia:** ensaios de história, epistemologia e ontologia do espaço geográfico. São Paulo: Contexto, 1 ed., 2010.

OLIVEIRA, Livia de. **Estudo Metodológico e Cognitivo do Mapa.** Tese (Livre Docência em Geografia) – IGEOG/USP: São Paulo, 1978.

OLIVEIRA, Lívia. Estudo metodológico e cognitivo do mapa. In: ALMEIDA, Rosângela Doin de. (Org.). **Cartografia Escolar.** São Paulo: Contexto, 2007, p. 15-41.

PAGANELLI, Tomoko Iyda. Para a construção do espaço geográfico na criança. In: ALMEIDA, Rosângela Doin de. (Org.). **Cartografia Escolar.** São Paulo: Contexto, 2007, p. 43-70.

PASSINI, Elza Y. Aprendizagem significativa de gráficos no ensino de Geografia. In: ALMEIDA, Rosângela Doin de. (Org.). **Cartografia Escolar.** São Paulo: Contexto, 2007, p. 173-193.

PONTUSCHKA, Nídia N. A Geografia: pesquisa e ensino. In: CARLOS, A. F. A., **Novos caminhos da Geografia.** São Paulo: Contexto, 1999. p. 111-142.

PRADO, Lúcio L. **Monadologia e espaço relativo:** o jovem Kant recepcionando Leibniz. São Paulo: Educ/Fapesp, 2000.

RICARDO, Helenice A. **Geografia em mapas:** por uma epistemologia da representação do espaço. Manaus – AM, 2006. Dissertação (Mestrado em Educação). Faculdade de Educação, UFAM.

RICHTER, Denis. **Raciocínio geográfico e mapas mentais:** a leitura espacial do cotidiano por alunos do Ensino Médio. Presidente Prudente – SP, 2010. Tese (Doutorado em Geografia), Faculdade de Ciências e Tecnologia – UNESP.

RICHTER, Denis. **O mapa mental no ensino de geografia:** concepções e propostas para o trabalho docente. São Paulo: Cultura Acadêmica, 2011.

RUFINO, Sonia Maria Vanzella Castellar. **Noção de espaço e representação cartográfica:** ensino de Geografia nas séries iniciais. São Paulo, Tese (Doutorado em Geografia), FFLCH/USP, 1996.

SAMPAIO, A. C. S.; MENEZES, P. M. L. O ensino de cartografia no curso de licenciatura em geografia: uma discussão para a formação do professor. **Anais**. X Encontro de Geógrafos da América Latina. 20 a 26 março 2005. USP, São Paulo. p. 13251-13262.

SANTOS, Milton. **Por uma Geografia nova:** da critica da Geografia para uma Geografia critica. São Paulo: Edusp, 2002

SEEMANN, Jorn. Mapas, Mapeamentos e a Cartografia Da Realidade. **Revista Geografares**, UFES – Vitória – ES, n. 4, p. 49-60, 2003. Disponível em: <https://www.academia.edu/187818/MAPAS_MAPEAMENTOS_E_A_CARTOGRAFIA_DA_REALIDADE>. Acesso em: 15 fev. 2023.

SEEMANN, Jorn. A Cartografia na Formação de Professores: Entre "Carto-Fatos" e "Cultura Cartográfica". In: Colóquio de Cartografia para crianças; Fórum latino-americano de Cartografia para escolares. Juiz de Fora, Minas Gerais, 2009. **Anais**. Disponível em: <https://www.academia.edu/609411/O_ensino_de_Cartografia_que_não_está > Acesso em: 04 maio 2023.

SILVEIRA, M. Laura. O espaço geográfico: da perspectiva geométrica à perspectiva existencial. **Geousp – espaço e tempo,** São Paulo, n. 19, p. 81- 91, 2006. Disponível em: <http://www.revistas.usp.br/geousp/article/view/73991> Acesso em: 04 mar. 2023.

SIMIÃO, H. C. Rodrigues. **Cartografia e ensino de Geografia:** uma breve discussão teórico-metodológica. São Paulo, 2011. Dissertação (Mestrado em Geografia), FFLCH – USP.

SIMIELLI, Maria Helena Ramos. **O mapa como meio de comunicação:** implicações no ensino da Geografia do 1º grau. São Paulo, 1986. Tese (Doutorado em Geografia), FFLCH – USP.

SIMIELLI, Maria Helena Ramos. Cartografia no ensino fundamental e médio. In: CARLOS, A. F. A. (Org.). **A Geografia na sala de aula.** São Paulo: Contexto, 1999, p. 92-108.

SIMIELLI, Maria Helena Ramos. O mapa como meio de comunicação e a alfabetização cartográfica. In: ALMEIDA, Rosângela Doin de. (Org.). **Cartografia Escolar.** São Paulo: Contexto, 2007, p. 71-93.

SIMIELLI, Maria Helena Ramos. **Geoatlas.** São Paulo: Ática, 2010.

VIEIRA, Eliane F. C. **A Cartografia no processo de formação acadêmica do professor de Geografia.** São Paulo, 2015. Tese (Doutorado em Geografia). FFLCH – USP.